天津市科普重点项目

《美丽中国》科普系列丛书

低碳足迹——认识绿色可续建筑

朱　丽　主　编

杨云婧　副主编

祝　捷　主　审

内容提要

本书为天津市科普重点项目、《美丽中国》科普系列丛书中的第5本。本书介绍了绿色建筑在建筑的全寿命周期内，最大限度地节约资源和能源，保护环境，减少污染，健康、适用、宜居，并与自然和谐共生。全书图文并茂，以通俗易懂的语言和具有代表性的图片向广大读者介绍建筑中的低碳、环保和可持续策略，以此达到建筑科普的目的。

图书在版编目（CIP）数据

低碳足迹：认识绿色可续建筑 / 朱丽主编. -- 天津：天津大学出版社，2014.11
（天津市科普重点项目《美丽中国》科普系列丛书）
ISBN 978-7-5618-5226-2

Ⅰ. ①低… Ⅱ. ①朱… Ⅲ. ①生态建筑—建筑设计 Ⅳ. ①TU201.5

中国版本图书馆CIP数据核字（2014）第280344号

出版发行　天津大学出版社
地　　址　天津市卫津路92号天津大学内（邮编：300072）
电　　话　发行部 022-27403647
网　　址　publish.tju.edu.cn
印　　刷　北京信彩瑞禾印刷厂
经　　销　全国各地新华书店
开　　本　148mm×210mm
印　　张　3
字　　数　57千
版　　次　2015年5月第1版
印　　次　2015年5月第1次
定　　价　29.80元

前言

党的十八大提出，给自然留下更多修复空间，给农业留下更多良田，给子孙后代留下天蓝、地绿、水净的美好家园，努力建设美丽中国，实现中华民族永续发展。我国重视环保较晚，重视程度不高，市民环保意识不强，环境保护的积极性、科学性亟待提高。《美丽中国》科普系列丛书是天津市科普重点项目，专家学者以通俗易懂的文字和图文并茂的方式叙述环境保护方面的热点问题和科技知识，让民众从主观上更愿意接近、掌握环境保护知识，携手共同创建美丽中国。本套丛书聚焦我国环境热点问题，包括《雾霾、空气污染与人体健康》《低碳经济与可持续发展》《世界遗产与生态文明》《人口、资源与发展》《低碳足迹——认识绿色可续建筑》5 本图书，旨在让民众从主观上更愿意接近、掌握环境保护知识，携手共同创建美丽中国。

环境恶化是目前中国所面临的一个严峻挑战，雾霾笼罩之下，人人自危。雾霾让人们更加认识到环境保护的重要性。建筑耗能已与工业耗能、交通耗能并列，成为我国能源消耗的三大“耗能大户”也是导致空气污染的主要原因。有关数据统计，工业能耗碳排放约 28 %，交通运输约 33 %，而建筑物占到约 39 %，是能耗和碳排放的大户。在中国城乡 430 亿平方米的既有建筑中，95 % 以上是高能耗建筑，单位建筑面积能耗是欧美国家的 3 到 4 倍，建筑节能已成当务之急。因此，倡导绿色建筑，减少能耗和碳排放意义重大。

绿色可续建筑是指在建筑的全寿命周期内，最大限度地节约资源（节能、节地、节水、节材）、保护环境和减少污染，为人们提供健康、适用和高效的使用空间，与自然和谐共生的建筑。建筑节能任务艰巨，但是公众的建筑节能意识还很薄弱。在绿色可续建筑中，到底有哪些节能技术应用，也并不为大众所熟知。

本书避开枯燥复杂的技术讨论，以案例的形式，图文并茂地向读者介绍目前一些优秀的绿色可续建筑。新型环保建材、太阳能发电、被动式房屋、废物利用、节水技术、垂直绿化、风力发电、绿藻生物反应器、二氧化碳循环利用、仿生农场、自然采光以及设计师的节能设计方案，共同造就了一个个具有代表性的节能建筑。节能技术与建筑造型、空间设计有机结合，就是生态建筑美之所在。

精美的图片、简洁的语言，这本《低碳足迹——认识绿色可续建筑》作为一本科普读物，适合任何年龄段的读者阅读。希望通过本书，能大大提高读者对绿色可续建筑的认知度和接受度。随着大众对建筑节能的深入了解，让建筑更节能，让节能更持续。也希望更多的人能参与到绿色可续建筑的科普教育事业中来，宣传节能理念、普及节能知识，让全社会受益于建筑节能。

编者

2014 年 10 月

目录
CONTENTS

北京国际青年营

Beijing Youth Camp International

接待大厅用的不是竹子，也不是钢，是竹钢！

面对日益严峻的环境问题，世界上生长最快的植物之一——竹子作为现代新型绿色环保建材闯进了设计师的视野和老百姓的生活，成为替代木材的最耀眼的明珠。

研究发现，作为新一代的绿色环保建材，竹子生命力强，可塑性高，具有可更新、可循环、可再用、可减少能耗与污染的特点。对于环境恶化、天然林存量甚低的我国来说不失为一种优质的替代材料，并能够避免甲醛对人体的危害，有益于健康。

都市元素设计公司设计的北京国际青年营接待大厅就选用了竹钢作为主要建材。从功能上来讲，体量再大也没有用，接待大厅只是一个八十多平方米的小房子，建筑形式既质朴又简洁，同时还能代表户外运动精神。

青年营这个建筑在建成后受到广泛的关注，竹钢材料很符合户外运动的一些要求，比如强度高、韧性好、防水、防火以及低成本等，并且它是绝对环保的材料。

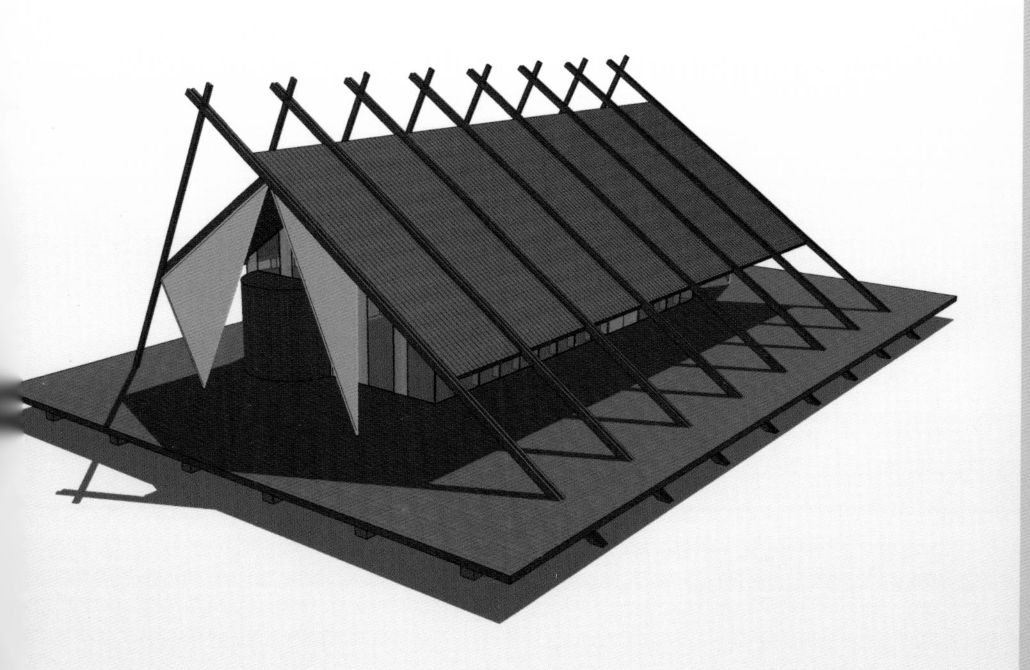

设计师选用的是中国西南地区的慈竹，它没有毛竹强度大，毛竹在有些地方可以盖房子，也不像其他一些种类的竹子可以做竹编织。在自然界，慈竹基本是没用的，另外它生命力旺盛，生长周期也很短，大量存在之后就会衍化成生物垃圾。生物垃圾在短时间内不会有太大害处，但从长期的发展来看它对自然界有一定的破坏。所以竹钢这种材料正好是对生物垃圾的利用，完全是废物再利用，这件事情本身就很有意义，这是一件环保的事情。

如果有一天竹钢能成为一种被全世界广泛接受并在建筑中大量使用的材料，那么这座小房子将是一个里程碑，也是我国以竹钢作为主材料建造房屋的第一个作品。

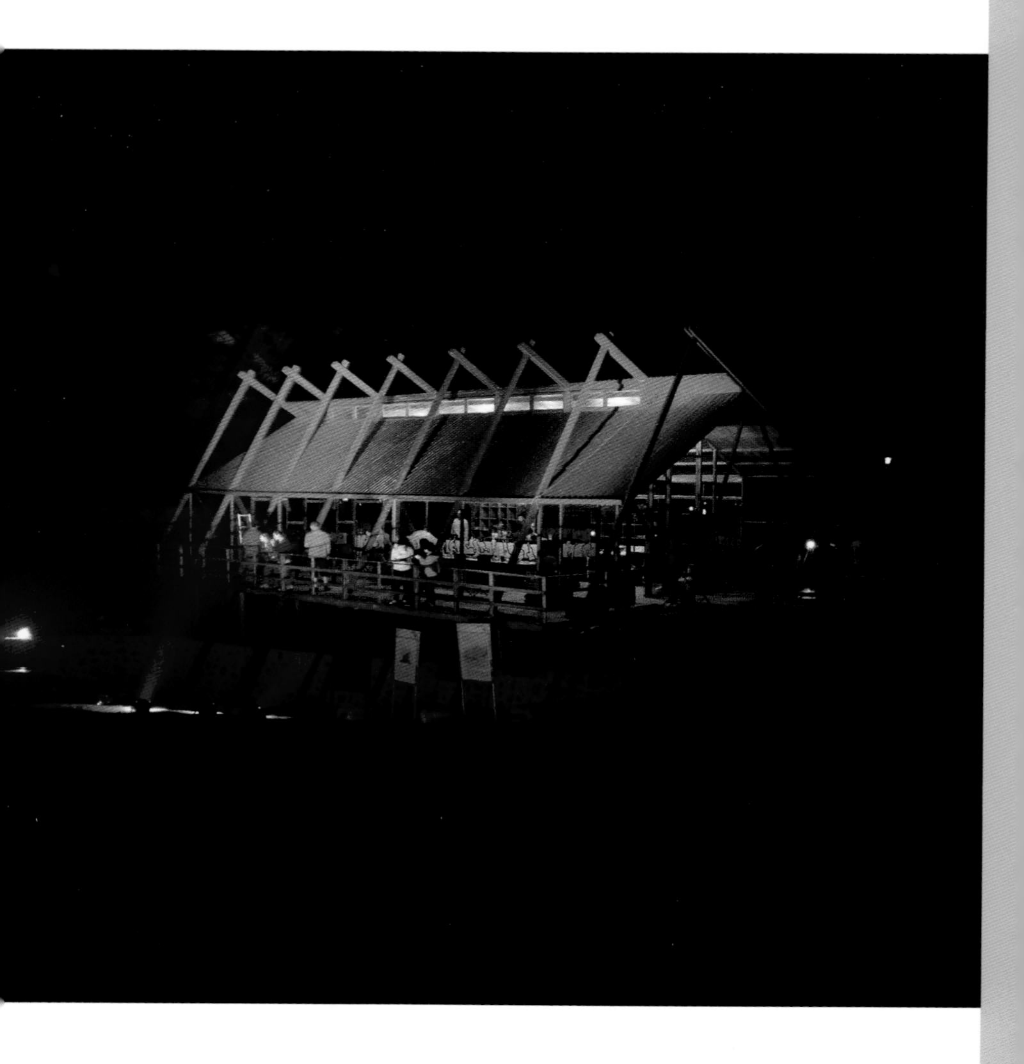

■ “茧”——零能耗会所

位于天津市滨海新区中新天津生态城的“茧”——零能耗会所由北京墨臣建筑设计事务所设计，是集各项绿色节能技术于一身的零能耗建筑。

茧——大自然界一种神奇的生命形态，顽强不懈的幼虫潜心筑梦，期待着生命升华的那一刻。

茧——新能源绿色建筑领域虔诚专注的一次尝试，建筑艺术与技术在这里交织融合、孕育锤炼，期待着破茧化蝶终成正果的那一刻。

该项目目标定位为零能耗建筑，即通过建筑设计以及众多节能技术的应用在大幅降低建筑运行能耗的同时，使用清洁能源如风能、太阳能、地热能，替代常规通过燃烧化石燃料获得的能源以供给建筑所需，从而使建筑达到不需要市政供电、供热即可满足自身运行能耗的理想状态。这是进行低能耗建筑设计的全面实践。

为实现这一目标，在建筑布局及形体推敲阶段，充分考虑各项节能技术需要，建筑的形体由场地形状、日照条件、风环境等因素理性推导而出，力求将造型手法与技术相结合。例如：该项目用地紧张，因此将为建筑提供能源的光伏发电板与屋顶结合设置；依据建筑场地风环境的模拟数据，布局建筑自然通风的进、排风口，在春、秋季节利用自然通风来降低室内空调的能耗等等。

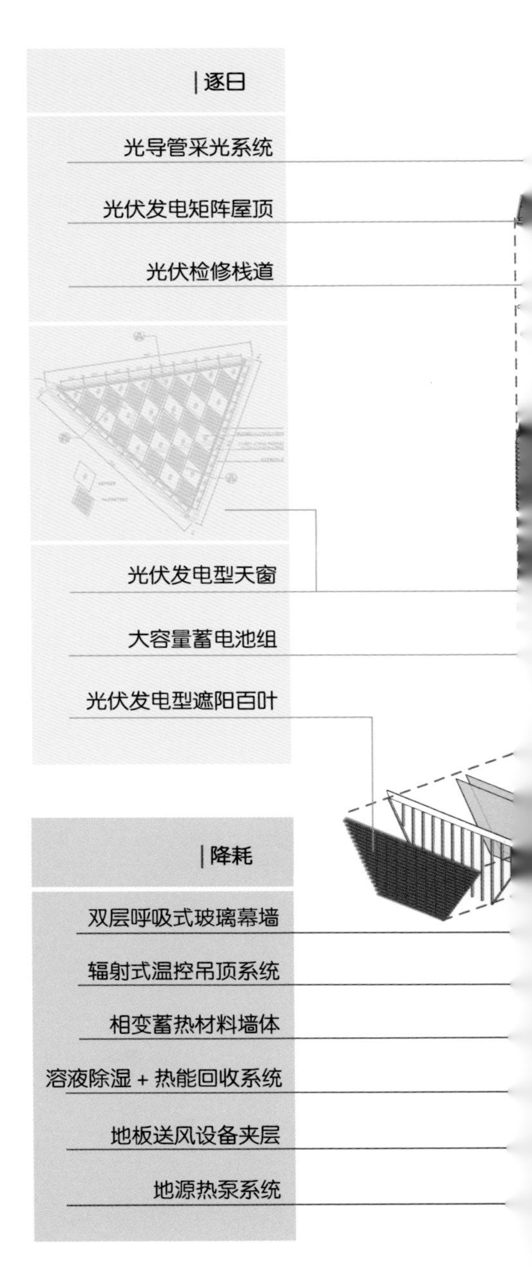

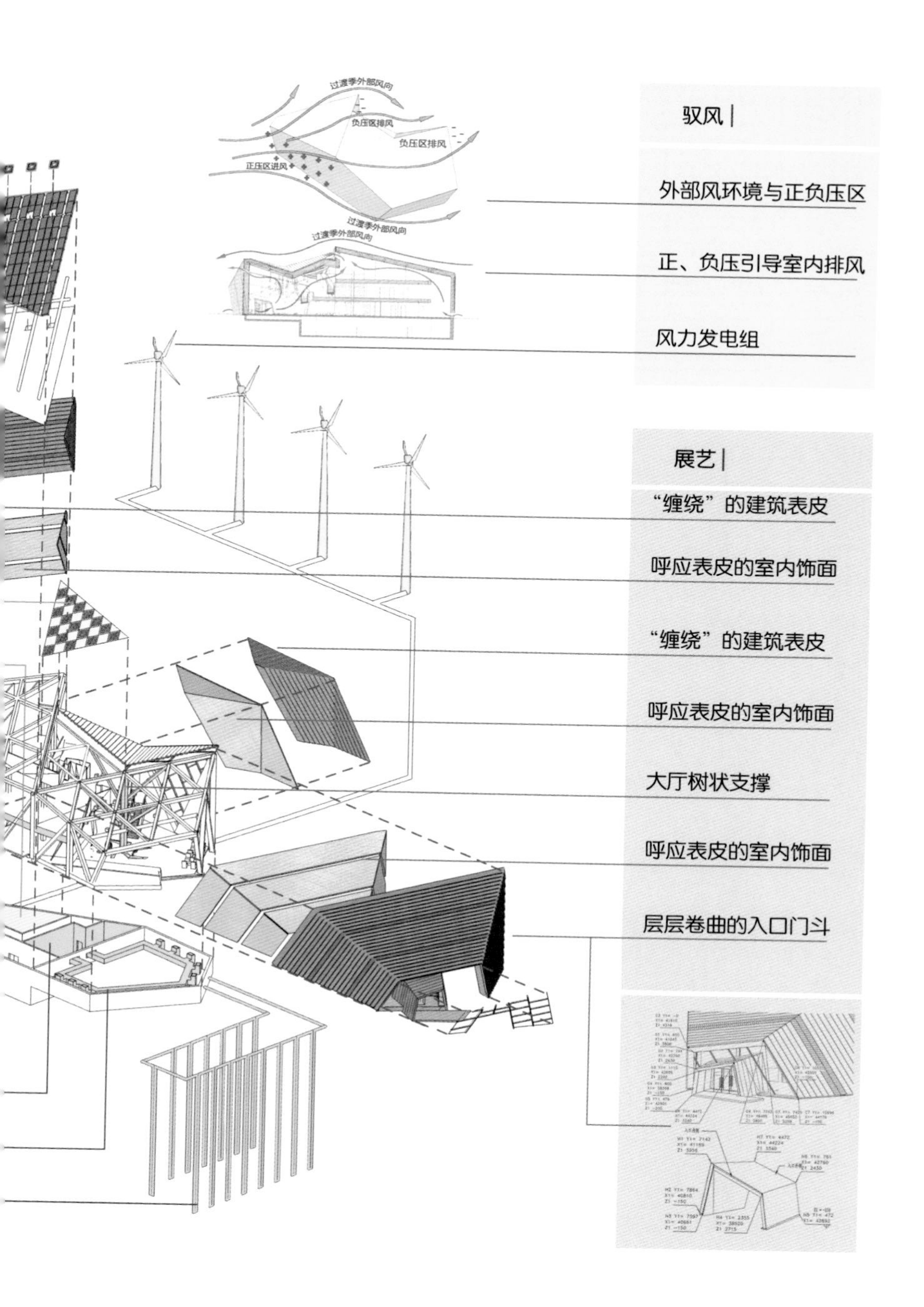

过渡季外部风向
负压区排风
负压区排风
正压区进风
过渡季外部风向
过渡季外部风向
驭风
外部风环境与正负压区
正、负压引导室内排风
风力发电组
展艺
“缠绕”的建筑表皮
呼应表皮的室内饰面
“缠绕”的建筑表皮
呼应表皮的室内饰面
大厅树状支撑
呼应表皮的室内饰面
层层卷曲的入口门斗

茧的概念从入口处就已经展开

大厅中独特的“树”状支撑结构在节省了大厅空间的同时，还以“生命之树”为主题为馆内绿色生态技术展示划定基调，形成了大厅独特的视觉效果。整个建筑是技术与艺术结合的一次新颖尝试。

绿色技术的应用与建筑艺术的表达两者都是不可或缺的。将技术措施与建筑造型、空间有机结合正是生态建筑美之所在。结合建筑“茧”的寓意，该项目拥有一件富有艺术性的“外衣”。建筑外表皮运用生态装饰板材通过“缠绕”“包裹”的建筑语汇，将光伏发电板、光伏发电百叶、光伏发电天窗、光导管与生态装饰板材有机地统一起来，使绿色技术不仅从功能上而且从美学上变成建筑不可分割的一部分。

风车和太阳能板给整个会所供电，并且集中了目前成熟的绿色技术于一身。比如将太阳能板做成屋顶，转化成电能并把多余的电能储存。如果遇到无风无光的天气，已经储存在地下室蓄电池中的电能可以继续供屋内使用。会所 60％～70％的能量几乎都由太阳能提供，而太阳能板和太阳能热水系统都是可以直接用在住宅建筑上的技术。

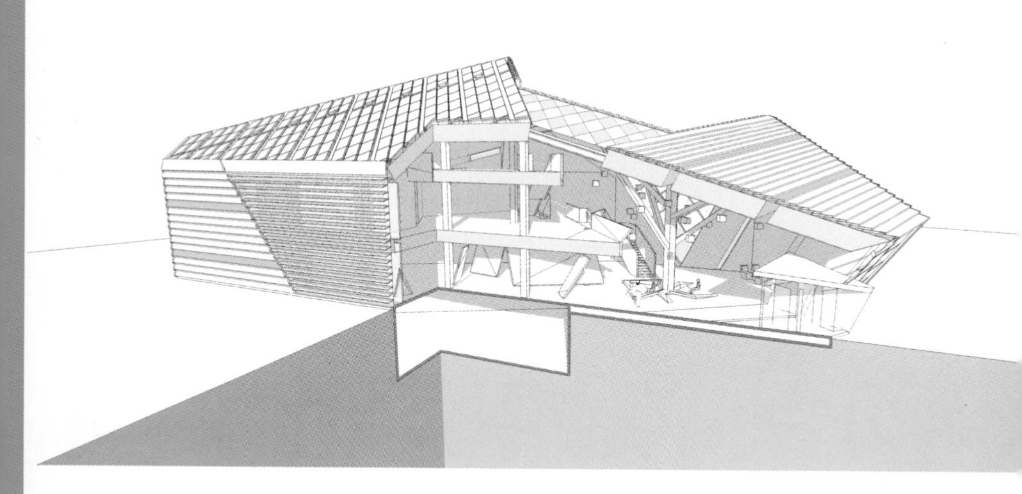

按照欧盟委员会支持的欧洲“被动房”建筑促进项目中对“被动房”建筑的定义,“被动房”建筑是指不通过传统的采暖方式和主动的空调形式来实现舒适的冬季和夏季室内环境的建筑。根据德国“被动房”研究所公布的案例资料，在德国一套新建成的 100 m²的“被动房”住宅，增加的额外投资为 7 669 欧元，另一套新建成的 130 m²的“被动房”住宅，增加的额外投资为 13 140 欧元。而它们每年节省的能耗费用为 511 ～ 1 023 欧元。

事实上，被动房通过空气置换，能达到良好的隔热目的，因而不需要使用传统的暖气或空调。称其为“被动”，是指该建筑的主要能源来自于太阳能、地热、人体和电器的余热。

PeterRuge 建筑事务所通过在中国南方设计被动式房屋为可持续发展设立了新的标准。

Bruck 样板公寓大楼是首次在潮湿、温暖的南方对被动式房屋进行的尝试，它可以节省 95% 的能耗，获得了德国被动房研究所的认证。

Bruck 样板公寓大楼是一个试点项目，其证明了在中国设立被动房标准的潜力。详细的执行图纸由德国的 PeterRuge 建筑事务所设计，完善并实现了创新节能的中国可持续建筑实践。建筑师们获得了德国被动房研究所 Feist 博士的大力支持。这个项目是中国著名的房地产开发集团朗诗集团的旗舰项目。

该公寓大楼共 5 层，建筑面积 2 200 平方米，由 36 间一室的员工公寓、6 间两室的行政套房和 4 间三室的样板公寓组成。当地的气候使得外观设计已经形成固定的模式，在所有的私人房间和公共区域都使用特别的三层玻璃窗，而在一年中较为温暖的半年时间里，固定的遮阳元素则会对玻璃幕墙提供保护。高度绝缘立面的封闭区域通过彩色赤陶杆遮蔽物，对建筑物的外壳提供保护，使其免受强烈日光的伤害。

在密封性达标的前提下，Bruck 样板公寓通过安装在楼顶的集中式热回收新风系统，根据室温的变化自动供暖或制冷。冬天，新风系统把居住者身体、室内电器和太阳光产生的热量吸收后，过滤掉气味，再通过热交换释放热量，从而达到供暖效果。夏天该系统可通过通风设施达到降温效果；在天气凉爽的季节，系统就只会开启换气功能。

测试数据显示，Bruck 样板公寓采用的新风系统全热回收效率达到 75%，意味着这幢房子在冬天室温不低于 20℃，夏天不高于 26℃，所消耗的能源要比同样大小的普通建筑低 95%。房屋所需的热水、电能等则由安装在楼顶的太阳能设备提供。此外，外界空气几乎全部是过滤之后再进入室内，灰尘等有害物质被挡在门外，居住在这样的房屋内更加健康。

如此高科技的建筑，造价是否很贵？“被动式房屋在德国发展了十几年，从建材到工艺已经比较成熟，所以德国的被动式房屋建造成本只比普通建筑高 5%。”在德国，用于房屋研究的人工气候室，里面可以模拟各种气候类型，帮助科研人员研发出适用于不同气候环境的节能建筑。

沃尔夫冈·费斯特教授告诉记者，在德国，与普通住宅相比，“被动房”一般可以多节能 50%，但增加成本仅 5%。根据“被动房”的欧洲标准，其采暖年耗电量应低于 15KW·h /m²；而在中国，普通住宅的采暖年耗电量约为 100KW·h /m²。

在长兴，Bruck 样板公寓被动房最令人惊讶的地方在于，它的采暖年耗电量竟然只有 3KW·h /m²。自 20 世纪 90 年代以来，“被动房”已从部分欧洲国家走向欧盟所有国家，如今在世界各地，已有一批优秀的建筑技术队伍，针对本地特有的气候条件，孜孜不倦地研究着“被动房”的本地化技术和本地化标准。

感谢摄影师 Jan Siefke。

天友绿色设计中心

2012 年，天友建筑设计有限公司将天友天津公司新办公楼打造成为超低能耗、低成本的“绿色低碳设计中心”，成为天津地区首个国家级绿色三星级改造项目，并将首层开放为绿色低碳展览馆。天友绿色设计中心作为天友建筑设计有限公司的总部，将一座多层电子厂房从平庸而高耗能的建筑改造为单位建筑面积能耗指标达到国际先进水准的超低能耗绿色办公楼。

经过一年的实际运行，借助低成本适宜技术的集成应用，建筑实现了 40.17 kW·h/(m^2·a）的超低能耗，空调采暖能耗仅为

19.6 kW·h/(m²·a)，达到了运营阶段国际水平的超低能耗的目标。建筑与常规办公楼 120 kW·h/(m²·a) 的能耗水平相比节能 66%。建筑年节电 45 万 kW·h，减碳 101.3 吨，年节约运行费用约 50 万元，绿色建筑的增量成本可在 4 年内从节能效益中回收，实现低能耗的同时还大幅降低了建筑的运行费用。利用工业园区的峰谷电价，天友绿色设计中心的单位面积冬季运行电费和夏季空调电费分别仅为 7 元/m²和 4 元/ m²，比市政供热的 40 元/m²低了 82.5%，空调费用降低了约 90%。

- 低成本既有建筑绿色改造

天友绿色设计中心是从一座旧的多层厂房改造而来，结合利旧改造和节能目标，在原有简单建筑形体上采用加法原则，将节能技术附加在建筑上，而不进行结构的削减和拆改。在屋顶加建轻质结构，增加共享中庭和采光边庭，增设特朗伯墙和活动外遮阳，在东西向种植分层拉丝垂直绿化，北向增设挡风墙，形成了一套节能的表皮系统。

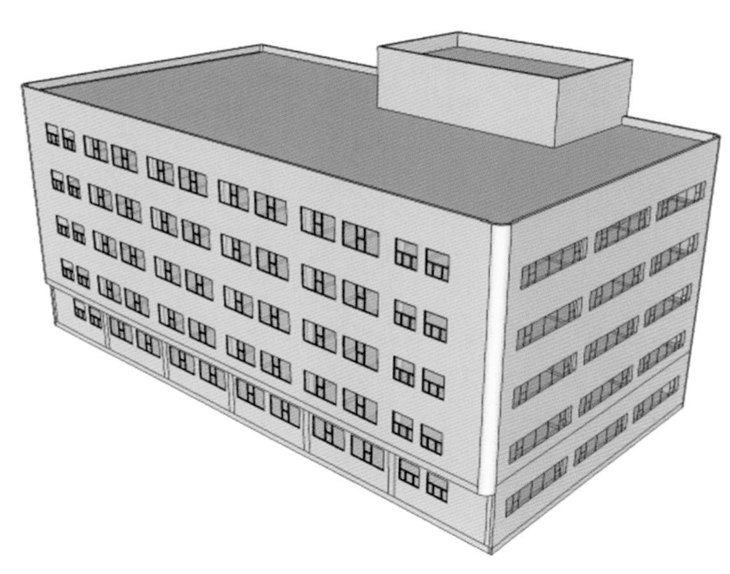

原建筑

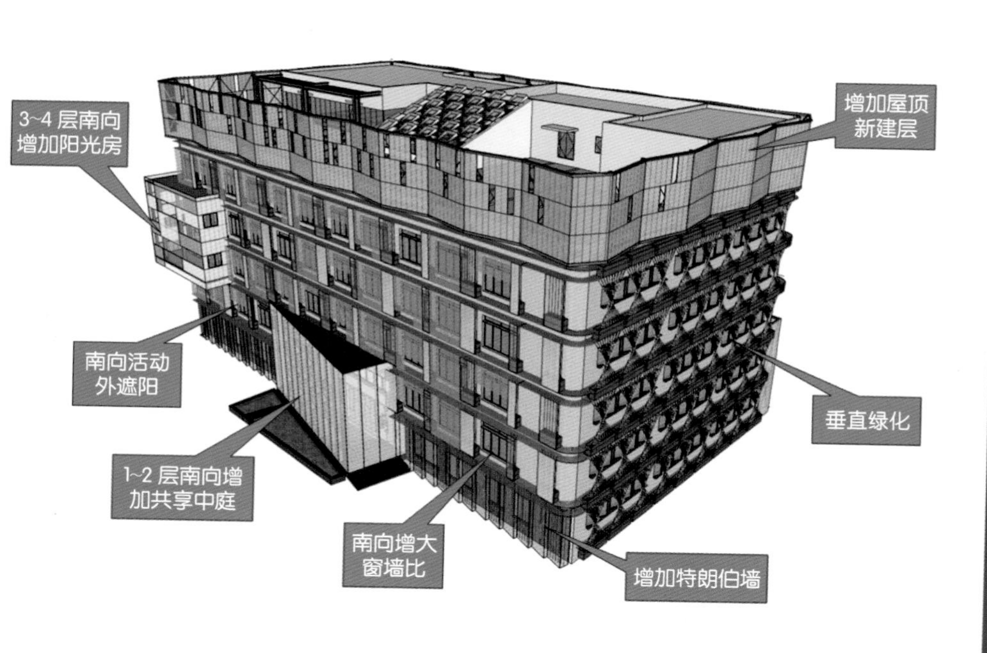
3~4 层南向
增加阳光房
增加屋顶
新建层
南向活动
外遮阳
垂直绿化
1~2 层南向增
加共享中庭
南向增大
窗墙比
增加特朗伯墙

● 超低能耗的被动式节能技术

被动式节能技术是通过设计利用风、光、热等自然资源而不采用设备实现节能的技术方法，在天友绿色中心的设计中被动节能的核心是对寒冷气候有针对性地调节和控制。

建筑在南侧加建了两个中庭，一个作为气候核调节小气候，另一个作为阳光室吸收太阳辐射。常规的玻璃中庭在天津的气候下冬季热量散失严重，夏季又会过热。因此南向加建的中庭和边庭没有采用玻璃幕墙，而是采用了 40 毫米厚具有超级保温性能的聚碳酸酯幕墙，同时在中庭内侧设计了推拉的隔热墙，可以调节冬夏、日夜的不同负荷，使得中庭成为可调节的腔体空间。下图为气候核与中庭隔热墙。

应对气候的节能表皮是最主要的被动技术。墙体保温、聚碳酸酯幕墙、南向外遮阳、东西向垂直绿化共同形成了节能表皮系统。可调节的外遮阳是减少夏季空调能耗的最有效的被动技术。天友绿色设计中心采用冬季可完全升起的电动外遮阳帘，固定在金属钢格栅外侧，与窗保持一定距离，形成光影斑驳的表皮，同时可减少 12% 的空调能耗。

● 创新性整合的主动式节能技术

在主动式节能方面，项目创新性地集成了多种技术，从冷热源、负荷、系统、末端、运行各个方面降低能耗。

冷热源采用模块式地源热泵结合蓄冷蓄热的水蓄能系统，地源热泵采用模块式运行，根据负荷调节主机开启数量，通过压缩机运行台数增减使冷热量输出与需求量接近，从源头最大化地节能。借助水蓄能系统，利用工业园区的峰谷电价，夜间低谷电蓄能（蓄冷、蓄热），白天高价电放能，节约空调运行费用。

空调系统设计为温湿度独立控制，分别用不同的空调末端完成降温和除湿。温度控制采用地板辐射供冷供热的模式，供水温度接近室内环境温度，冬季低温水供暖，夏季高温水供热，既减少能量的输出，又由于室温与体感温差 1 ～ 2 ℃，使得室内有较高的热舒适性。

空调系统还创新性地运用了免费冷源、人机自动跟踪、新风热回收等综合节能策略降低空调系统能耗。免费冷源是利用地源热泵的地下冷水在夏初通过地板辐射为室内免费供冷，在夏季可以减少三分之一的空调主机开启时间。人机自动跟踪是结合设计单位加班特点，在加班时通过网线定位人员位置，开启工位附近的空调末端。

建筑设置了精细的能耗监测、分析、控制平台，并通过室外气象站的环境参数自动控制空调的运行，适应环境气候条件。空调运行结合实际使用制定了针对不同气候和使用模式的十几种工况策略，并将工况策略输入系统，成为全自控的空调系统，如夏季空调可结合慢速吊扇共同形成舒适节能的室内环境。

● 融入建筑空间的绿色实验技术

建筑顶层根据剖面“天窗采光 + 水墙蓄热”的模式原理，将原有的小中庭设计为自然采光的图书馆，聚碳酸酯代替玻璃作为天窗材料，既提供半透明的漫射光线，又保温节能。水墙采用艺术化的方式——以玻璃格中的水生植物“滴水观音”提供蓄热水体的同时，还蕴含绿色的植物景观。

垂直绿化可提供东西向的遮阳、四季变化的风景以及可视化的绿色标志，但天津的寒冷气候只能满足三季的绿色，因此采用艺术型分段拉丝式垂直绿化的模式，一方面针对寒冷气候选择多年生缠绕型植物，分层生长，可快速形成绿色表面；另一方面考虑冬夏季不同的绿化艺术效果，将拉丝扭转形成直纹曲面，夏季植物会沿直纹曲面生长而别具特色，冬季以拉丝的艺术形式也可形成美观的立面要素。

作为实验性的绿色技术，改造中将垂直农业和屋顶农业这一新型产业也引入了建筑，垂直农业以立体水培蔬菜的方式，充分利用自然采光，每 15 天即可成熟一茬蔬菜。屋顶农业在屋面采用模块式种植技术栽种了 30 多种蔬菜，利用滴灌和营养液技术生产健康的有机蔬菜。

- 创意性节材技术集成

绿色材料利用与建筑空间造型结合可以产生具有技术表现力的创意形式，使绿色技术成为可视化的建筑要素。比如主入口加设的门斗挡风墙，将废弃灯泡放置在玻璃幕墙之间，既保温，又利用了废弃材料，还在入口形成了独特的光影效果。

天友绿色设计中心建材的使用原则是循环、轻质、健康和高性价比，选择的建材是具有上述多种功效的复合建材。室内大量应用轻质廉价的麦秸板作为隔墙。麦秸板作为零甲醛释放的健康板材，不仅提供了健康的室内环境，还在工业建筑冷冰冰的整体气氛中增加了温暖的感觉。自己制作的拼图形状设计工位也是由麦秸板搭在空心砖砌块上，中间还长出了高大的绿色植物。希望这样的环境能让在这里工作的建筑师思如泉涌。

天友绿色设计中心将常人眼中的没用的废弃物进行了艺术化的再利用。建筑设计院出图后废弃的硫酸纸筒变成了轻质的室内隔断；每层电梯厅的主题墙面也都由废弃物组成——废弃的汽车轮毂、建筑模型、原有建筑拆下的风机盘管，都经过设计成为艺术。入口由四辆废弃自行车构成的装置艺术传达着低碳出行的理念。

天友绿色设计中心从超低能耗的低成本改造出发，注重绿色技术集成和创新应用，并把绿色技术与建筑艺术结合起来，这个绿色改造项目获得了2014年亚洲建筑师协会可持续建筑金奖。

仿生穹顶——绿色生态的台湾塔

这个“仿生穹顶”由 Vincent Callebaut 建筑设计机构设计，它堪称一种前卫的建筑设计概念，特别用来创造一个经济、社会、政治以及文化成就的动态变化。作为台湾“水湳经贸生态园区”主题规划的一部分，“仿生穹顶”希望在各个层面上都是“绿色”的，包括绿色植被、节水、日常能效、二氧化碳减排、废弃物减少、水资源、污水和垃圾处理、生物多样性以及内部环境优化等，使其成为真正意义上的未来绿色生活空间。

这座绿色塔楼符合绿色建筑的 9 个主要指标，并强化了建筑与其附近的台中中央公园的关系，包括环境集成的公园和绿地、绿色垂直的集成平台、空中花园和逼真的外立面，形成人类和自然环境之间的相互作用。项目设计建立在所有可再生能源技术之上，建筑表皮由隔热玻璃、太阳能光伏电池以及三个垂直叠加风力涡轮机组成，不仅能够保证整座塔楼的自身运作，而且能为中央公园提供夜间照明。

隔热太阳能玻璃
光伏电池
风能单元
太阳能热水器
雨水循环系统
绿色墙体与立面
地下管道
地热管道

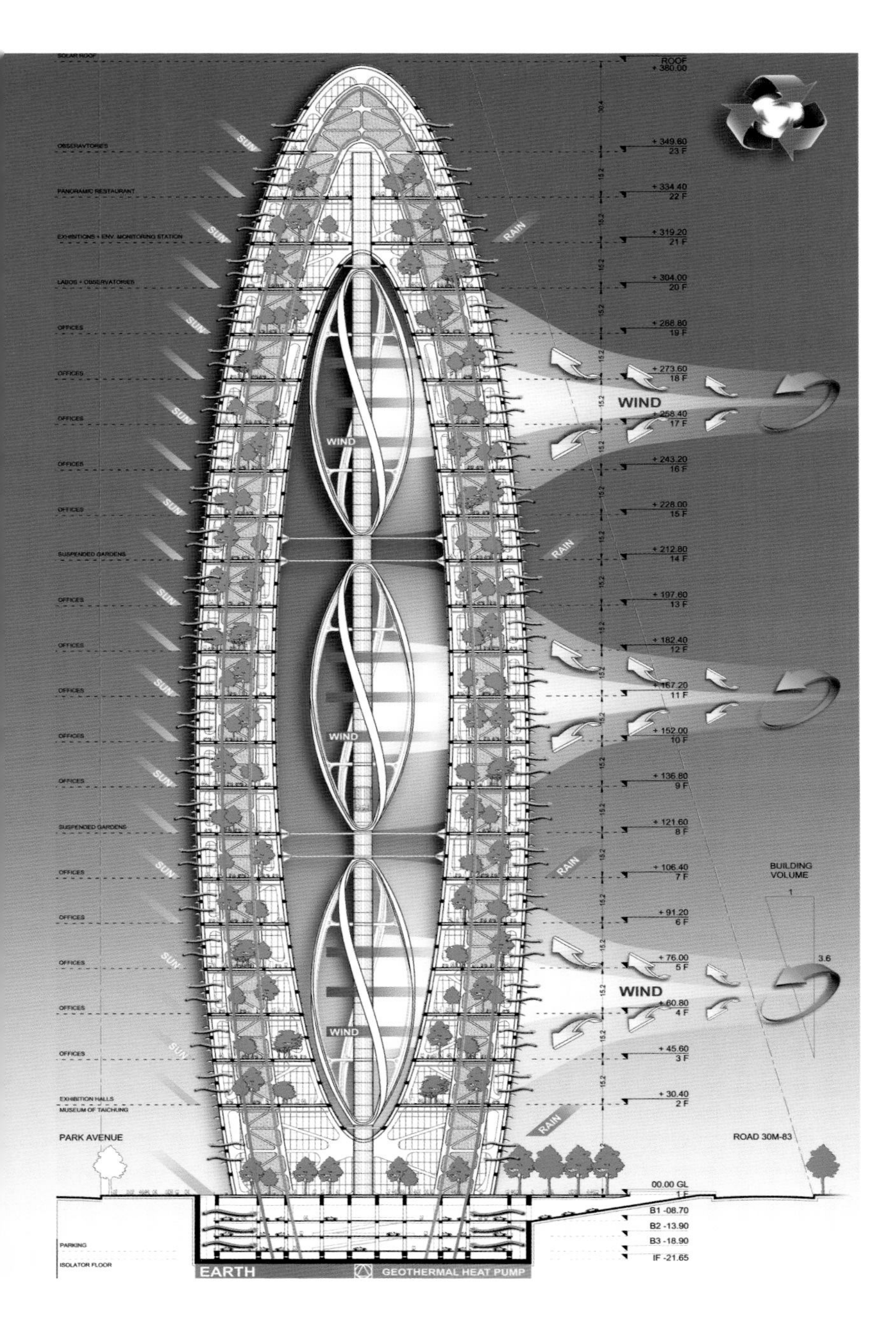

ROOF
+ 380.00
OBSERAVTORIES
+ 349.60
23 F
PANORAMIC RESTAURANT
+ 334.40
22 F
EXHIBITIONS + ENV. MONITORING STATION
+ 319.20
21 F
LABOS + OBSERVATORIES
+ 304.00
20 F
OFFICES
+ 288.80
19 F
OFFICES
+ 273.60
18 F
OFFICES
+ 258.40
17 F
OFFICES
+ 243.20
16 F
OFFICES
+ 228.00
15 F
SUSPENDED GARDENS
+ 212.80
14 F
OFFICES
+ 197.60
13 F
OFFICES
+ 182.40
12 F
OFFICES
+ 167.20
11 F
OFFICES
+ 152.00
10 F
OFFICES
+ 136.80
9 F
SUSPENDED GARDENS
+ 121.60
8 F
OFFICES
+ 106.40
7 F
OFFICES
+ 91.20
6 F
OFFICES
+ 76.00
5 F
OFFICES
+ 60.80
4 F
OFFICES
+ 45.60
3 F
EXHIBITION HALLS
MUSEUM OF TAICHUNG
+ 30.40
2 F
PARK AVENUE
ROAD 30M-83
00.00 GL
1 F
B1 -08.70
B2 -13.90
B3 -18.90
IF -21.65
PARKING
ISOLATOR FLOOR
EARTH
GEOTHERMAL HEAT PUMP
SUN
RAIN
WIND
BUILDING
VOLUME
1
3.6

ROOF
+ 360.00
+ 349.60
23 F
+ 334.40
22 F
+ 319.20
21 F
+ 304.00
20 F
+ 288.80
19 F
+ 273.60
18 F
+ 258.40
17 F
+ 243.20
16 F
+ 228.00
15 F
+ 212.80
14 F
+ 197.60
13 F
+ 182.40
12 F
+ 167.20
11 F
+ 152.00
10 F
+ 136.80
9 F
+ 121.60
8 F
+ 106.40
7 F
+ 91.20
6 F
+ 76.00
5 F
+ 60.80
4 F
+ 45.60
3 F
+ 30.40
2 F
00.00 GL
1 F
结构
模块

H.I.S 玻璃立面的第二层结构

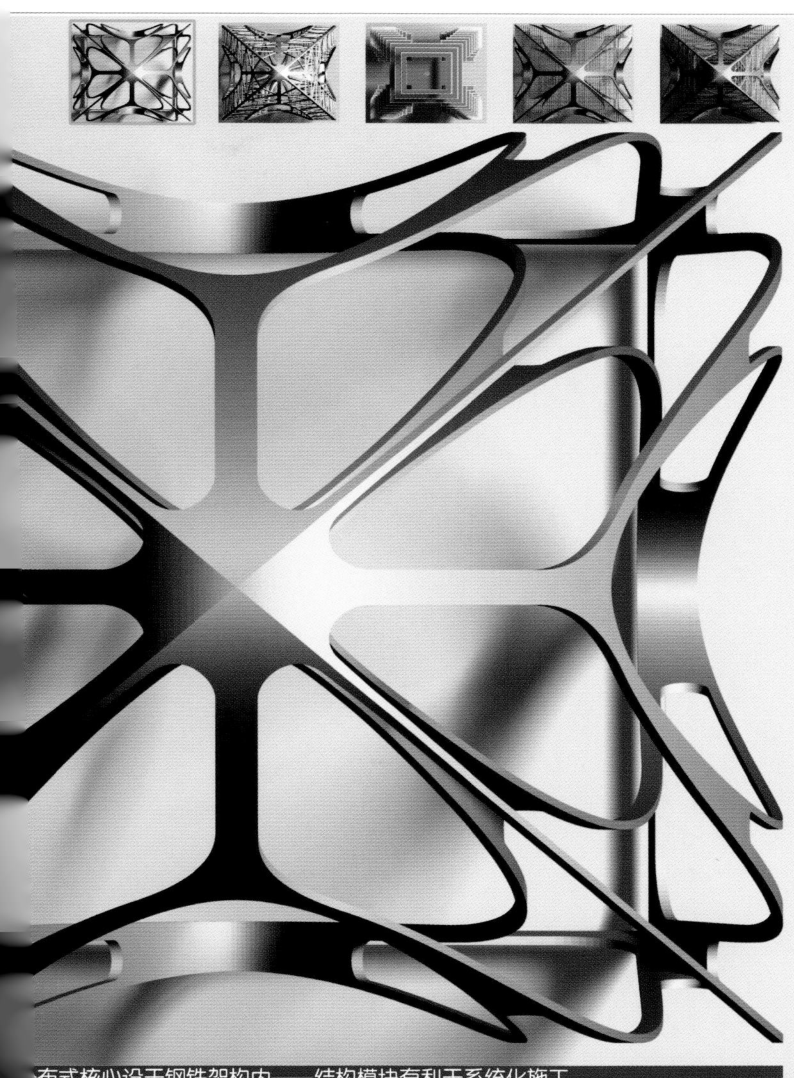

布式核心设于钢铁架构内——结构模块有利于系统化施工
务核心与地基隔离
柱子都位于建筑外围，这样给予建筑更多空间
构和双层墙体使空间具有最大灵活性
空调井也位于建筑的外围

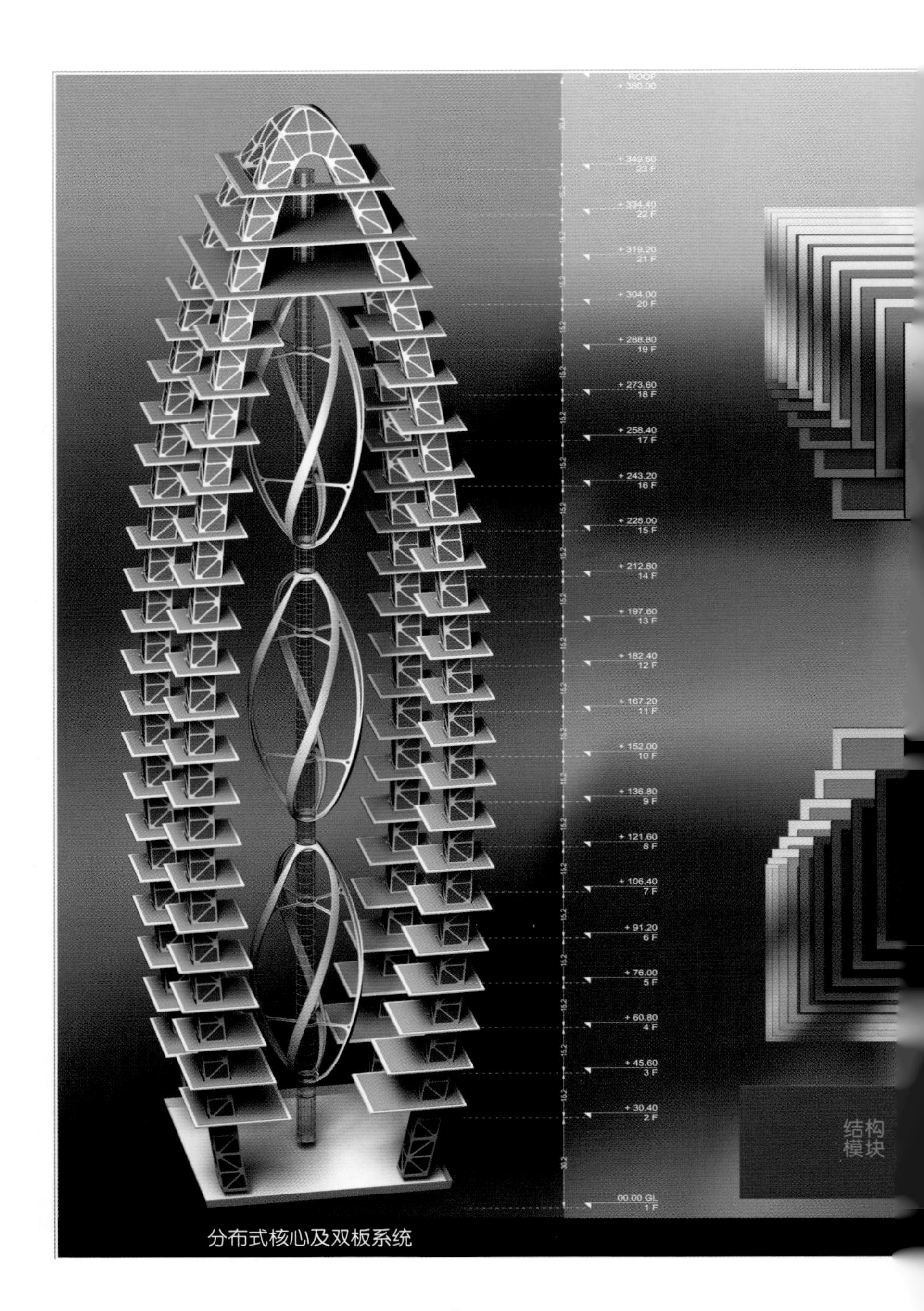
ROOF
+ 380.00
+ 349.60
23 F
+ 334.40
22 F
+ 319.20
21 F
+ 304.00
20 F
+ 288.80
19 F
+ 273.60
18 F
+ 258.40
17 F
+ 243.20
16 F
+ 228.00
15 F
+ 212.80
14 F
+ 197.60
13 F
+ 182.40
12 F
+ 167.20
11 F
+ 152.00
10 F
+ 136.80
9 F
+ 121.60
8 F
+ 106.40
7 F
+ 91.20
6 F
+ 76.00
5 F
+ 60.80
4 F
+ 45.60
3 F
+ 30.40
2 F
00.00 GL
1 F
结构
模块
分布式核心及双板系统

系统有助于种植景观绿植和安装地热管道系统
框架设有分布式核心
系统安装在楼梯及电梯周围的环状结构中
创造了新鲜空气并使排放的碳被回收再利用
电梯的中心轴是垂直风管的主体结构

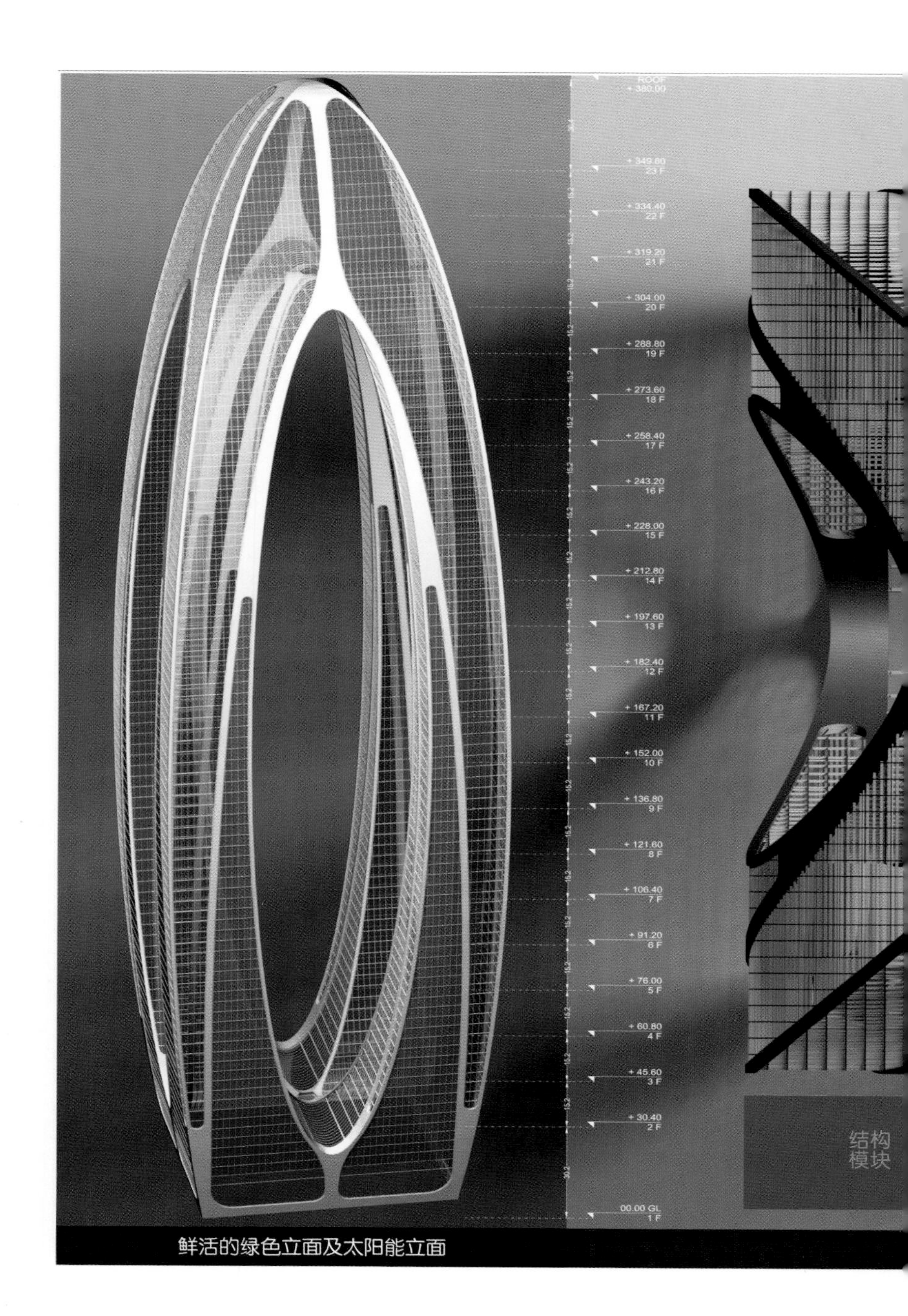
ROOF
+ 380.00
+ 349.80
23 F
+ 334.40
22 F
+ 319.20
21 F
+ 304.00
20 F
+ 288.80
19 F
+ 273.60
18 F
+ 258.40
17 F
+ 243.20
16 F
+ 228.00
15 F
+ 212.80
14 F
+ 197.60
13 F
+ 182.40
12 F
+ 167.20
11 F
+ 152.00
10 F
+ 136.80
9 F
+ 121.60
8 F
+ 106.40
7 F
+ 91.20
6 F
+ 76.00
5 F
+ 60.80
4 F
+ 45.60
3 F
+ 30.40
2 F
00.00 GL
1 F
结构
模块

鲜活的绿色立面及太阳能立面

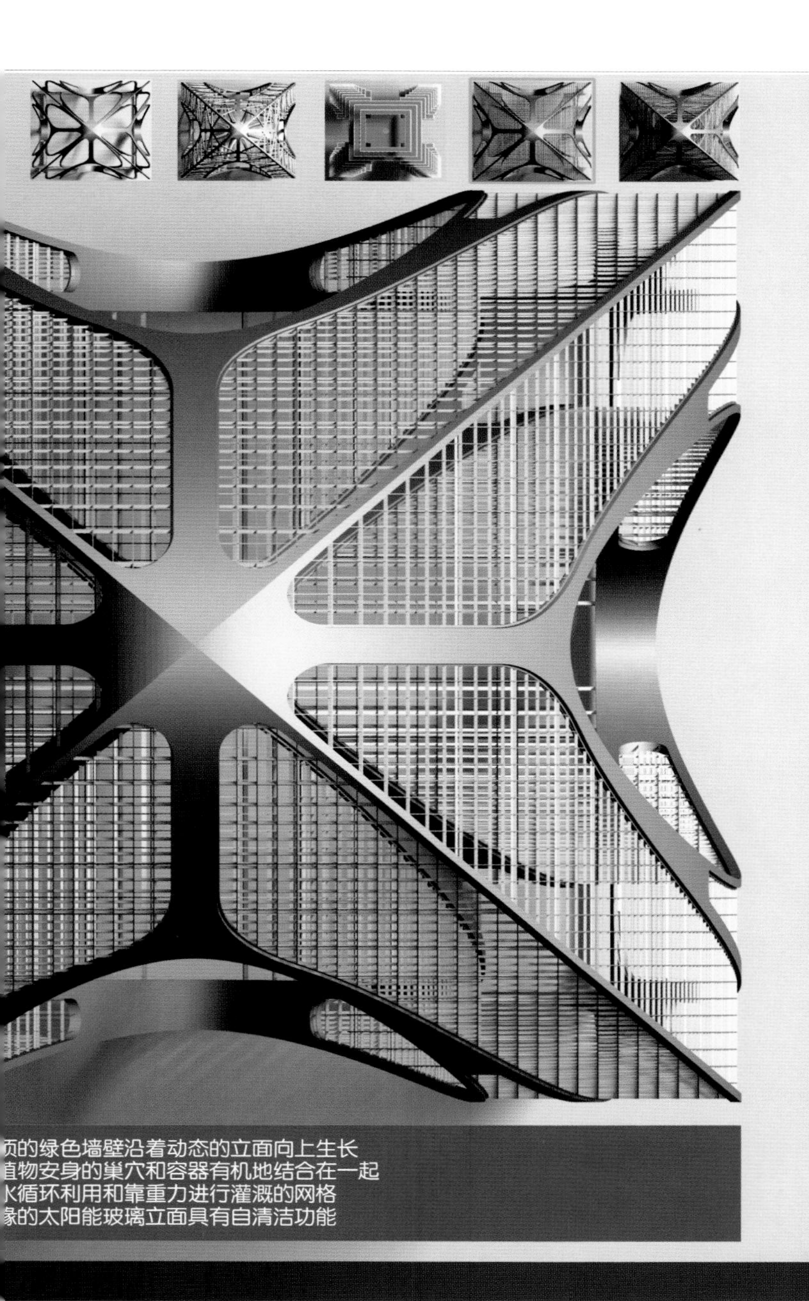

页的绿色墙壁沿着动态的立面向上生长
植物安身的巢穴和容器有机地结合在一起
K循环利用和靠重力进行灌溉的网格
缘的太阳能玻璃立面具有自清洁功能

大楼设有垂直绿化和悬浮花园，绿色植物有效利用了排放的二氧化碳，100％自给自足并实现二氧化碳零排放。这座塔楼是一个真正的生物净化器，空气、水以及废料的再循环利用给亚热带的台湾实现生物多样性提供了一个新的共栖生态系统。

海藻绿环大厦

当全世界正在寻找化工燃料的替代品的时候，藻类已经成为一种无限量的能量来源、养料，最重要的是其拥有非凡的二氧化碳吸收功能。把含有海藻的玻璃管嵌入建筑中，在光合作用下，海藻产生氢气，为建筑提供所需能源。氢气的燃烧不会产生污染，属于清洁能源。在建筑中引进藻类绿色科技，在实现城市核心环境零污染中扮演着主要角色。

芝加哥玛丽娜双子塔——这个 20 世纪的杰作由建筑师伯特兰·戈德堡设计并于 1964 年建成，对它的藻类改造是芝加哥低碳建设中最具创新性的建筑设计。藻类生物反应器将生产满足建筑运行需要的足够的能量。模块化系统藻类管道吸收太阳能和 CO_2 并产生生物燃料。

感谢 InIMAGEnable，阿特兰格尔建筑师事务所提供图片。

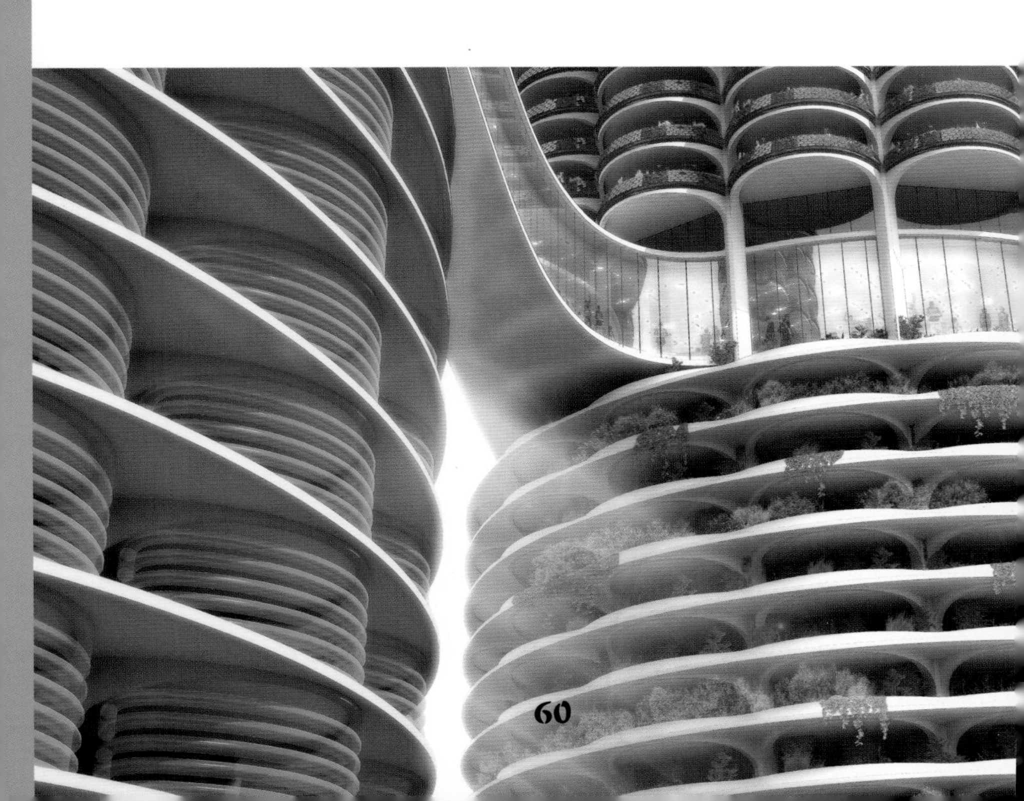

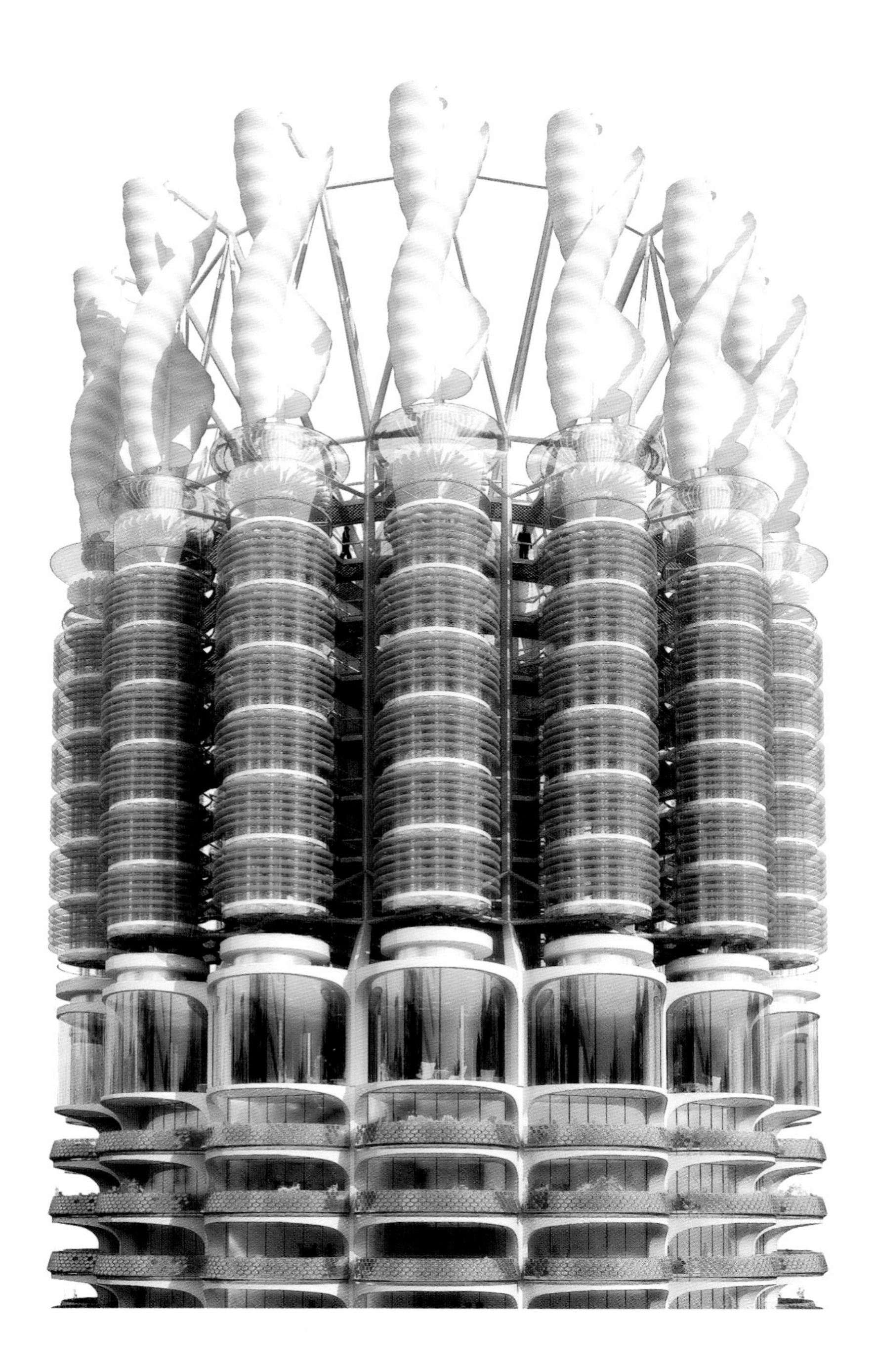

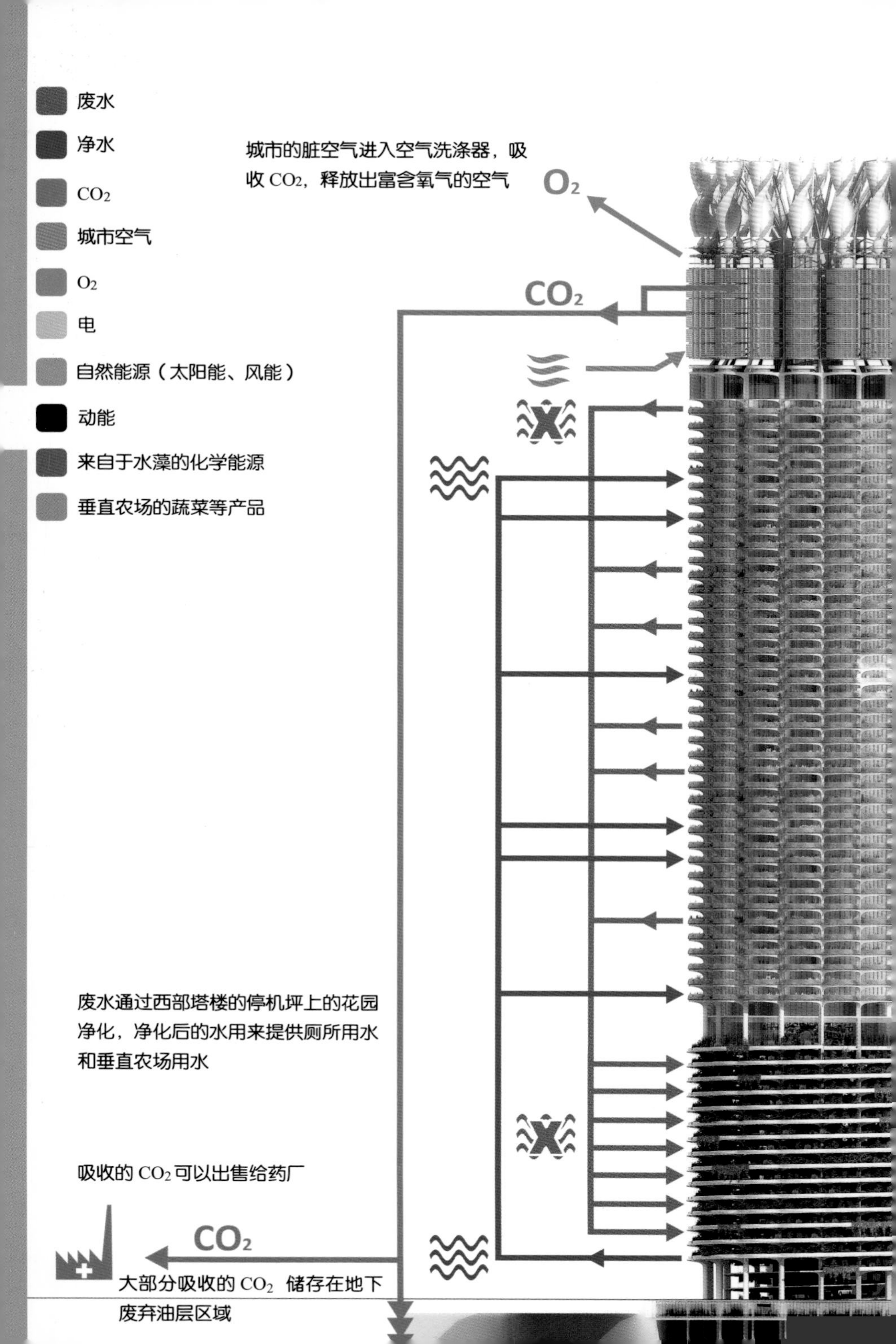
废水
净水
CO_2
城市空气
O_2
电
自然能源（太阳能、风能）
动能
来自于水藻的化学能源
垂直农场的蔬菜等产品
城市的脏空气进入空气洗涤器，吸收 CO_2，释放出富含氧气的空气
O_2
CO_2
废水通过西部塔楼的停机坪上的花园净化，净化后的水用来提供厕所用水和垂直农场用水
吸收的 CO_2 可以出售给药厂
CO_2
大部分吸收的 CO_2 储存在地下废弃油层区域

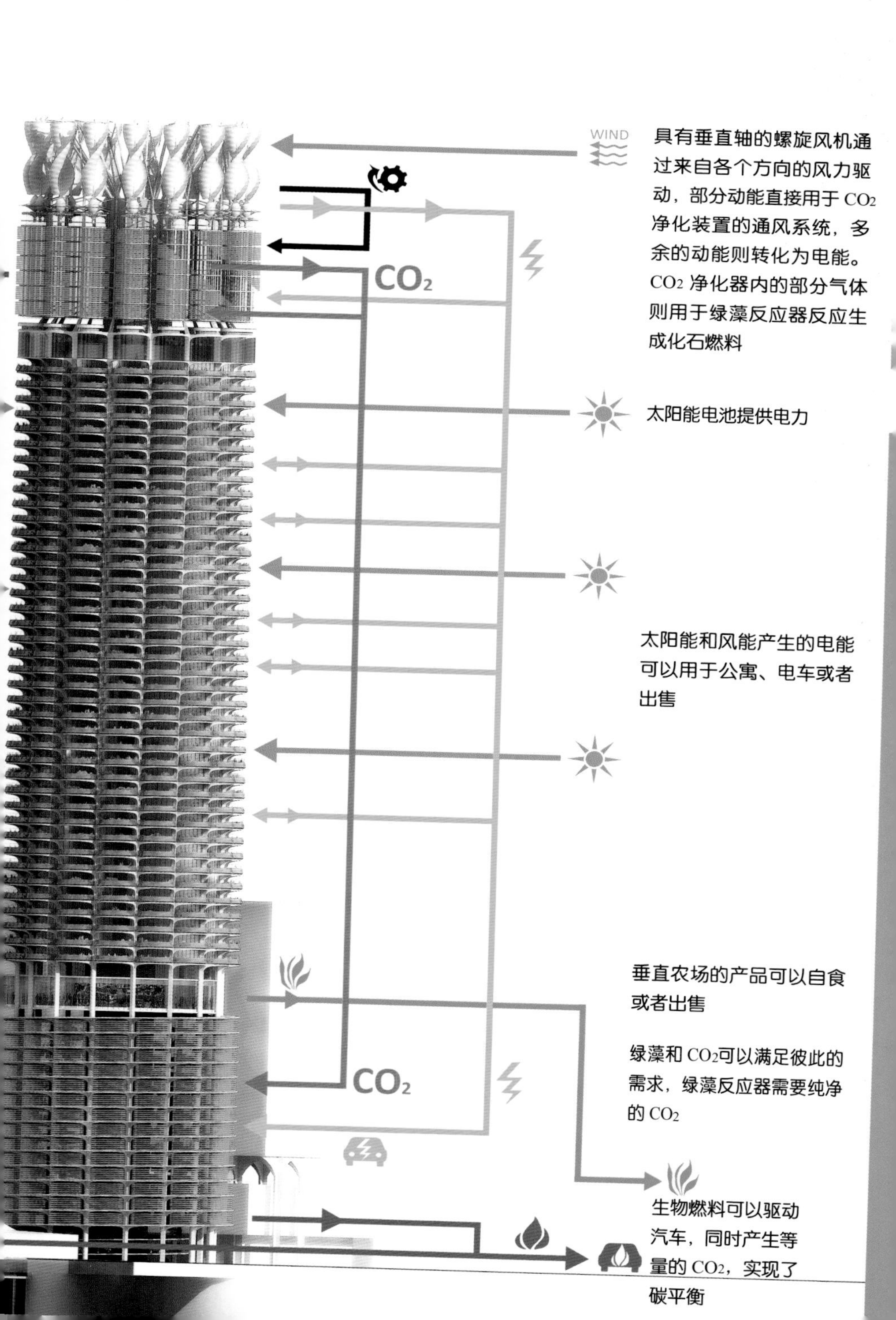
WIND
具有垂直轴的螺旋风机通过来自各个方向的风力驱动，部分动能直接用于 CO_2 净化装置的通风系统，多余的动能则转化为电能。CO_2 净化器内的部分气体则用于绿藻反应器反应生成化石燃料
CO_2
太阳能电池提供电力
太阳能和风能产生的电能可以用于公寓、电车或者出售
垂直农场的产品可以自食或者出售
绿藻和 CO_2 可以满足彼此的需求，绿藻反应器需要纯净的 CO_2
CO_2
生物燃料可以驱动汽车，同时产生等量的 CO_2，实现了碳平衡

塔楼的坡道有很多新的用途，西侧的塔楼设有花园，可以净化城市居民生活产生的废水，坡道的斜度正好可以促使水缓慢流过植物的根部。

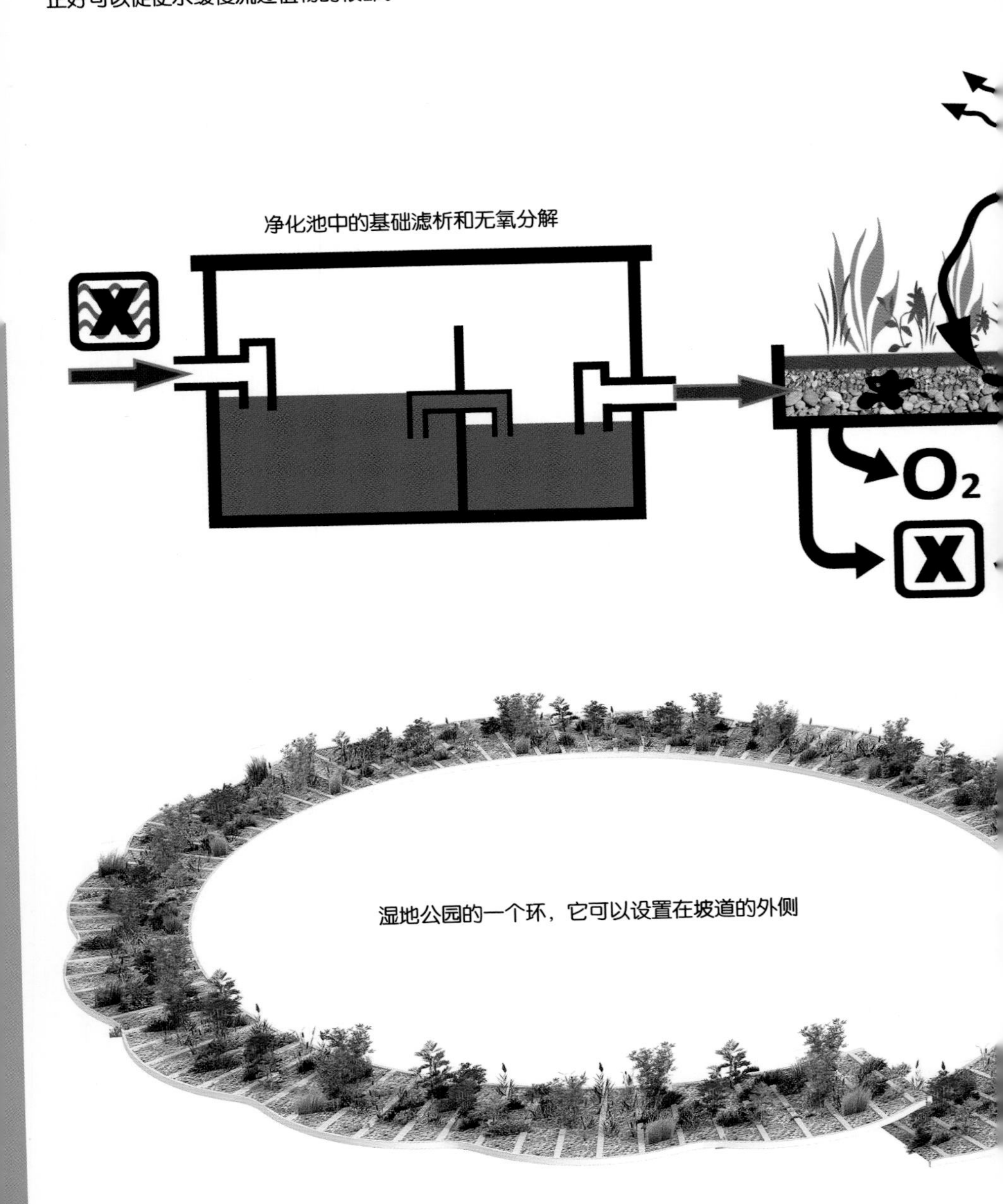

净化池中的基础滤析和无氧分解
O_2
湿地公园的一个环，它可以设置在坡道的外侧

120 米长的单元有 15 个环，可创建出超过 1.6 米的净化花园。

带减少了停车面积，这促使人们尽量减少汽车的使用，从而减少污染

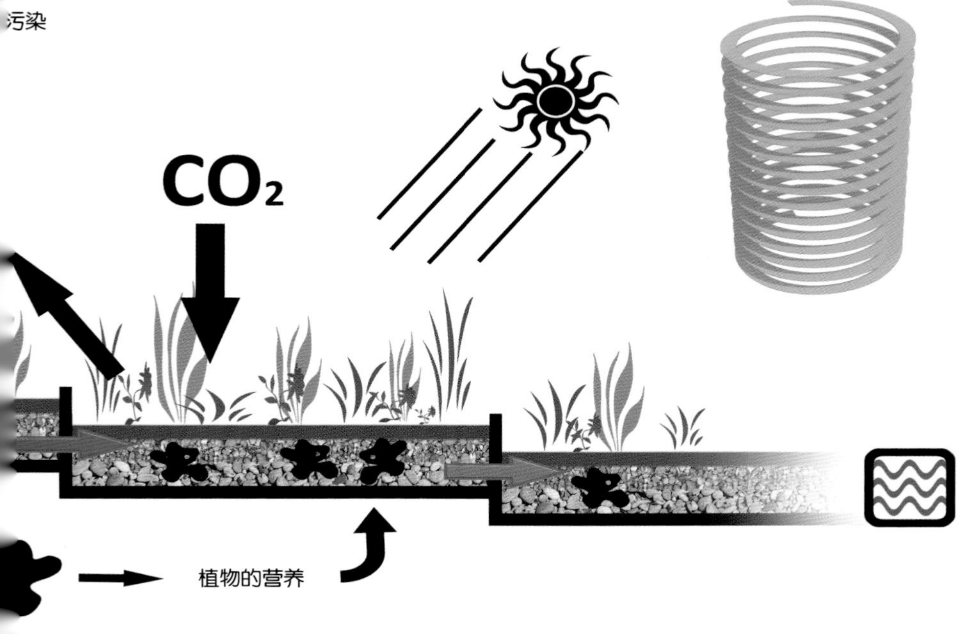

植物的营养

过滤性植物

碳吸收设备

螺旋风机可以捕捉来自各个方向的风产生电能，驱动连着底部的 CO_2净化扇片。

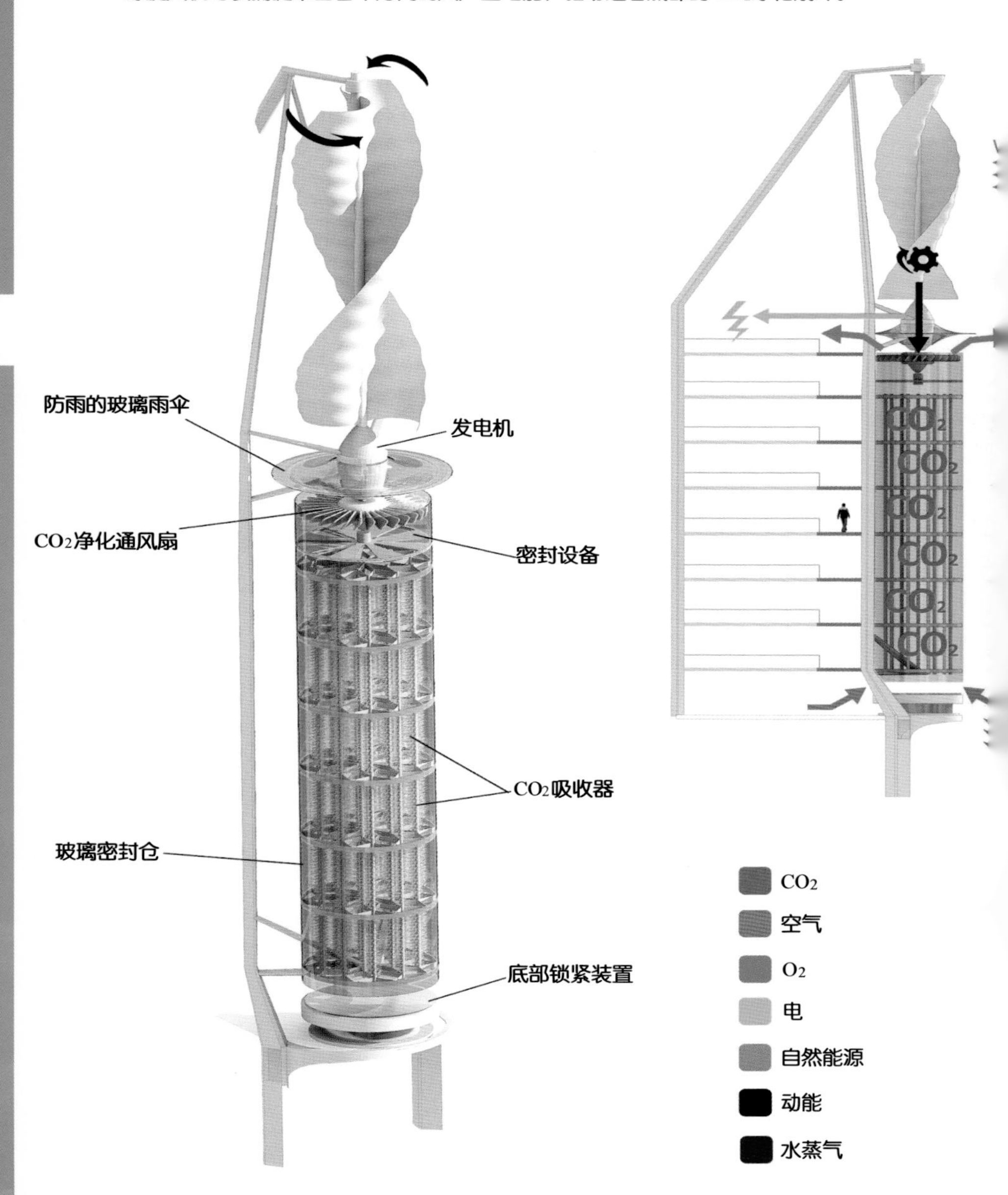

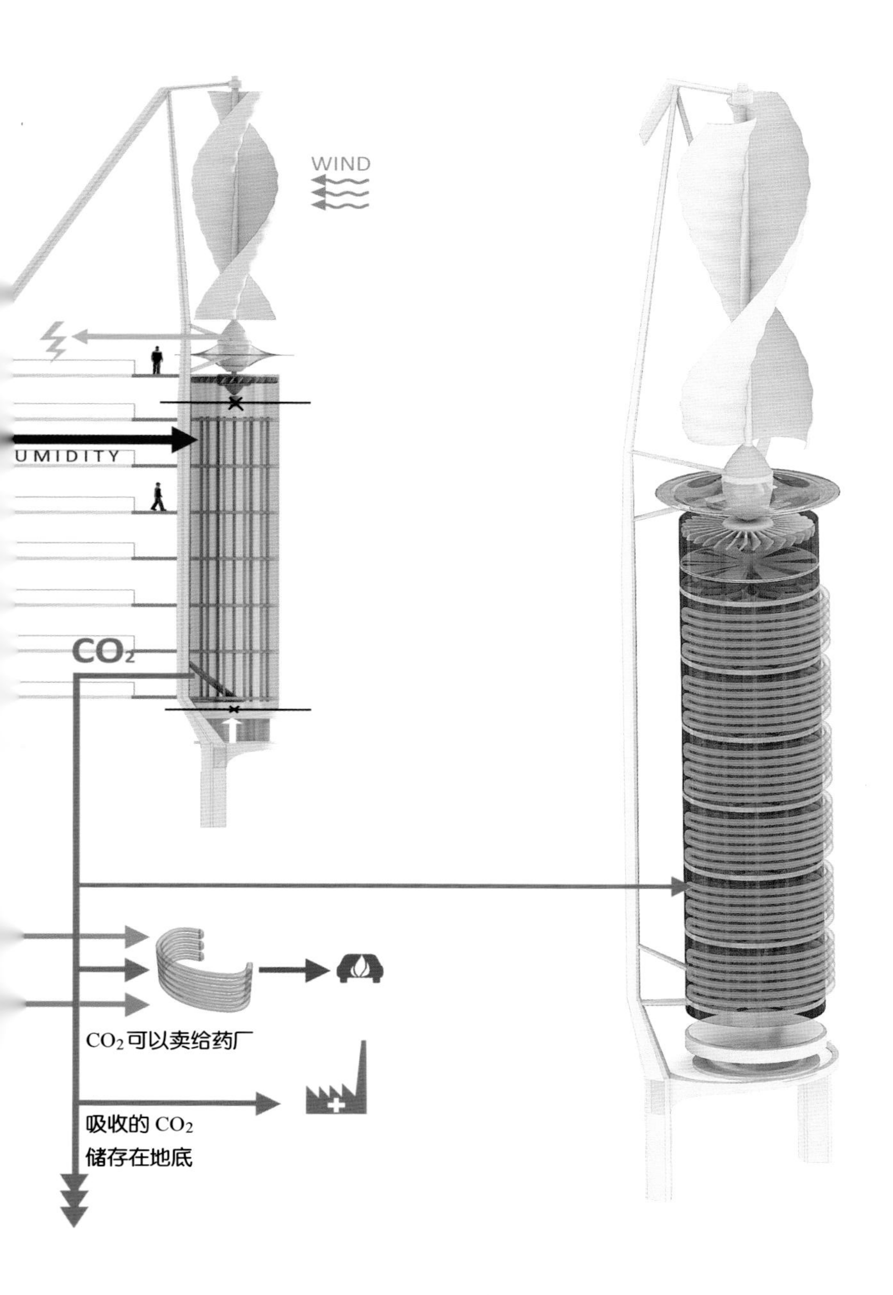
WIND
UMIDITY
CO_2
CO_2可以卖给药厂
吸收的 CO_2
储存在地底

东侧塔楼的停机坪和塔楼顶部的碳净化器上安装绿藻生物反应器，它的好处就是没有昂贵的栽植成本，绿藻在透明管道内生产生物燃料，同时管道内还有充足的养分、水和 CO_2。在这些封闭的系统里，微型绿藻迅速生长，一吨绿藻可以吸收两吨 CO_2。

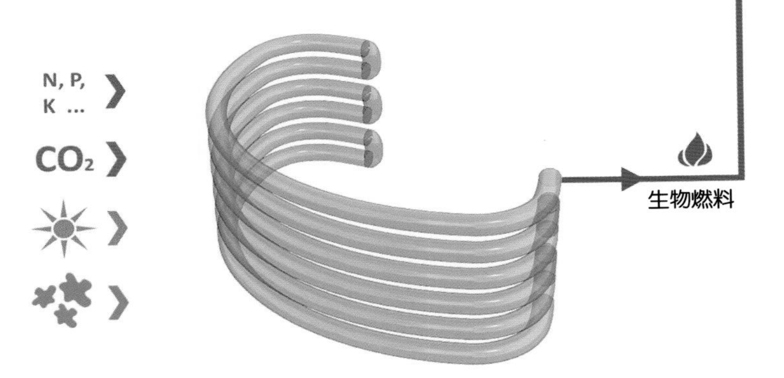

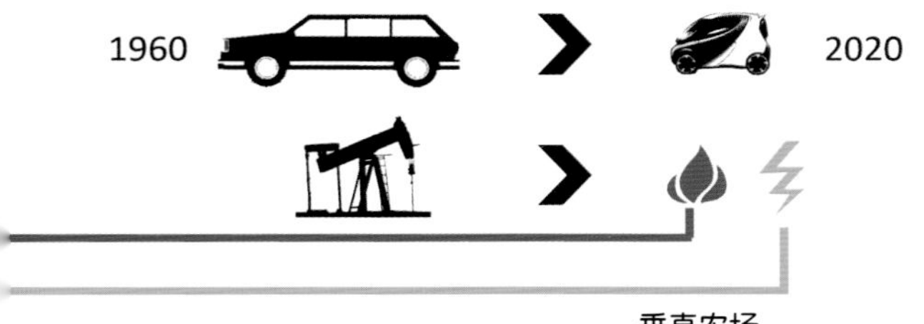

垂直农场

台填充有特殊形状的元素，既有利于植物生长，又能支撑太阳能板。垂直农场以降低购买农产品的成本，降低交通成本，还可以加强社区间的交流，比如互农作物，这是一个人与人之间沟通的桥梁。

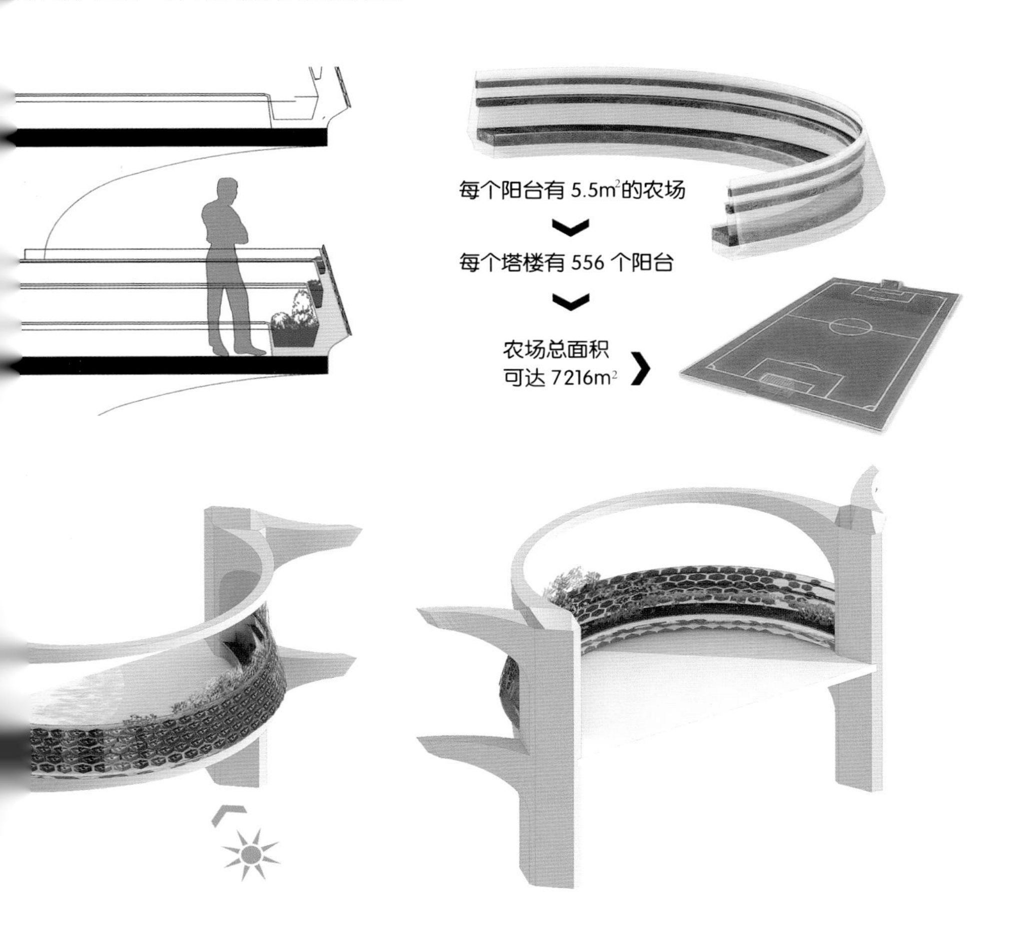

蜻蜓大厦——城市农业下的农场（新陈代谢）

在日益拥挤的城市中，向往自然的人们会利用屋顶、阳台及任何可用空间种植花卉蔬果。但如何才能彻底解决城市化与耕地之间的矛盾？Vincent Callebaut 建筑设计机构就此设计出一种新型建筑，并取名为“蜻蜓垂直农场”。

提到农场，人们通常想到大片土地，但“蜻蜓垂直农场”打破这种固有思路，在一座巨大建筑物中垂直分布。虽然名为“蜻蜓”，但整座建筑的外观看起来更像一只正合起翅膀休息的蝴蝶，楼体一边还“长着”两根高高的“触角”。楼内各个区域通过透明的玻璃与钢结构联系在一起，这部分造型的灵感来自于蜻蜓翅膀，这也是整座建筑被称作“蜻蜓”的原因。这座“巨无霸”农场将可能建在美国纽约罗斯福岛，它共有 132 层，“触角”最高处为 700 米，楼体最高处为 600 米。

感谢贝奴瓦·帕特里尼提供图片。

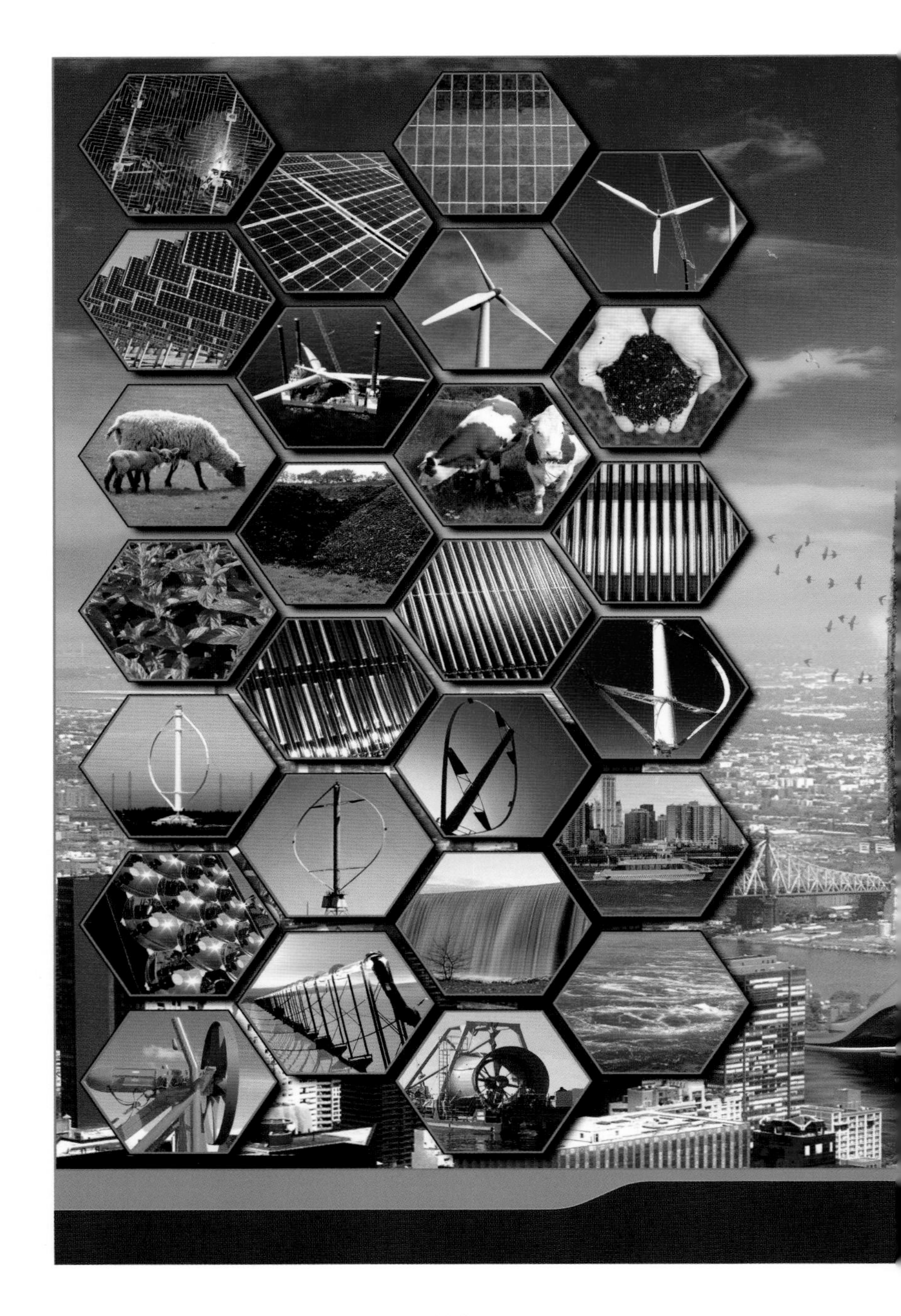

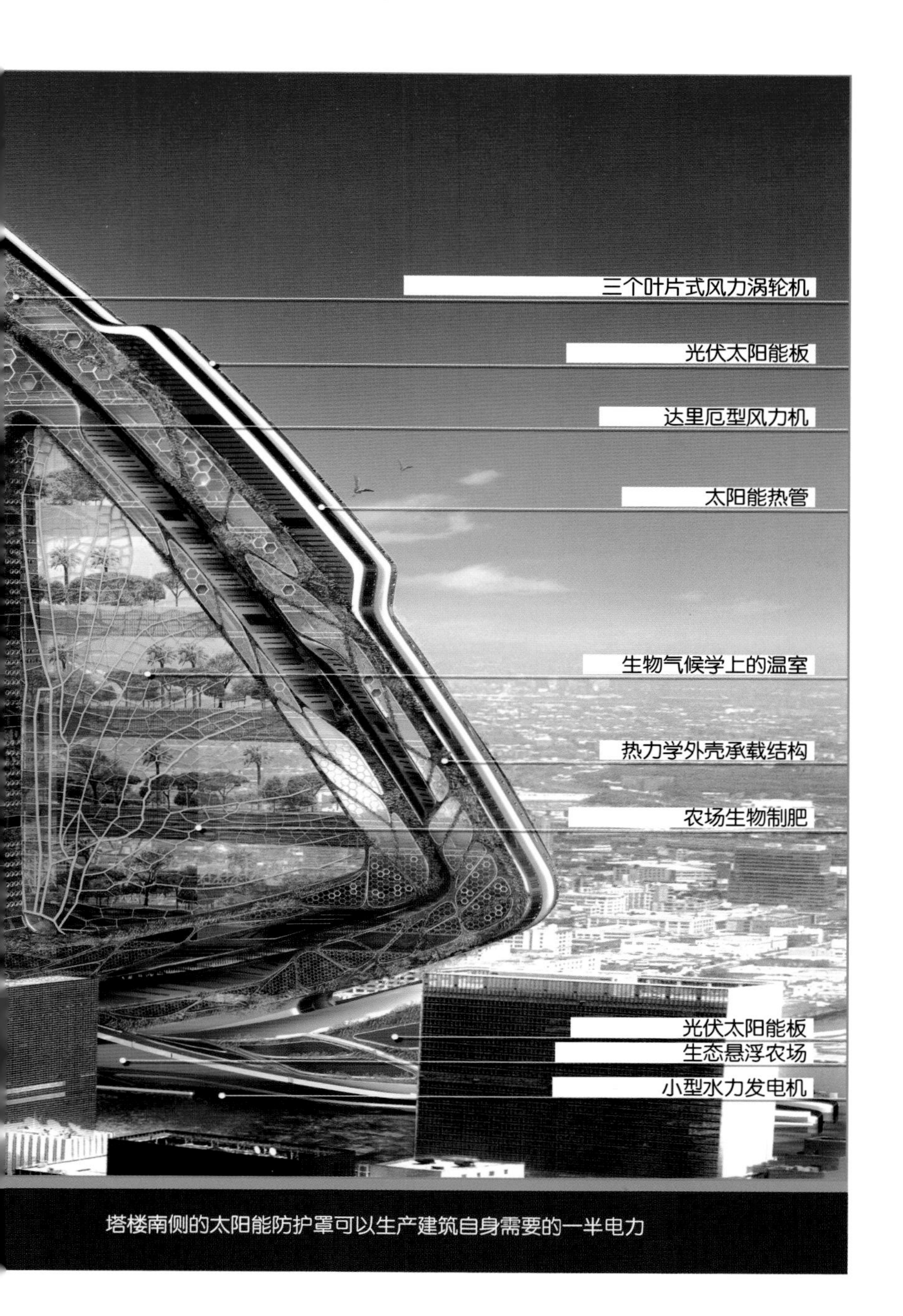

塔楼南侧的太阳能防护罩可以生产建筑自身需要的一半电力

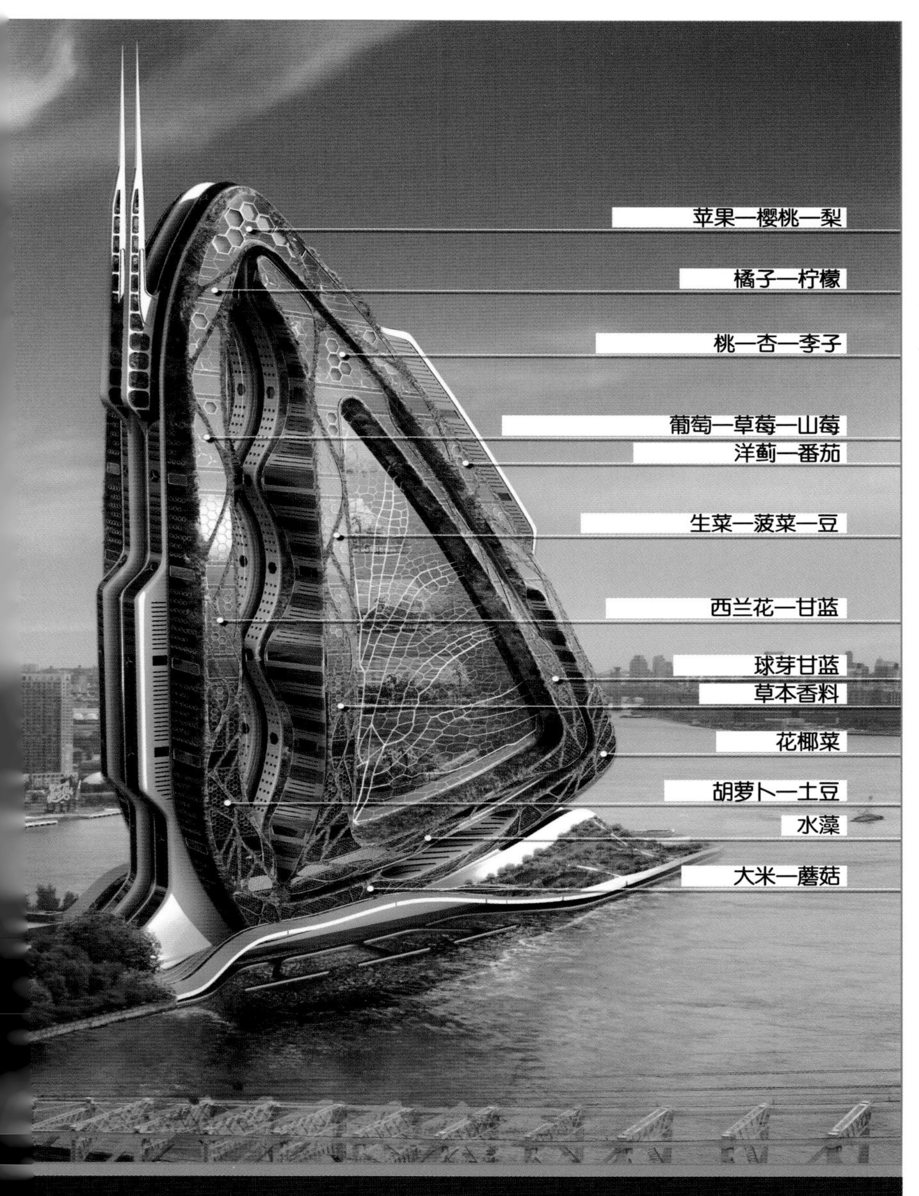

蜻蜓大厦为城市农场提供了雏形，在不同的层上可以栽种不同的植物

房、办公室和实验室周围，农业空间被设计成花园、菜园、果园、牧场、农场农田等

“蜻蜓垂直农场”能提供足够的空间供人们饲养猪、牛等牲畜。它还设有 28 个种植区，可以让人们根据季节特点种植不同农作物。

维桑·佳利伯官方网站上介绍“蜻蜓垂直农场”时这样说：一层又一层，这座大厦不仅能保证肉、奶、蛋的生产，同时还是一个“真正的有机结构”，没有东西被浪费掉，每种东西都可回收。

农场完全利用风能与太阳能提供动力。冬天时，两扇“翅膀”间的热空气可以帮助房屋保持温暖；夏天时，自然通风和植物的蒸腾作用又能给房屋降温。另外，整栋大楼还可有效地将固体垃圾转化为肥料并净化废水。

这座大楼并非专做农耕之用，设计师还在其中设计了公寓、办公室、实验室等。居民与上班族可以在工作、生活之余，利用大楼的独特性能，种植些瓜果蔬菜，体验收获乐趣。

佳利伯说：“到 2025 年，世界城市人口数量将从 2009 年的 31 亿增长到 55 亿……这座生态城可以通过对自然资源及可降解废料的重复利用，重新整合城市里的农业资源。”

专家评论说，“蜻蜓农场”由于造价太过高昂，短期内还无法变成现实。不过，它为城市如何在节约土地前提下实现粮食自给自足提供了新思路。

■ 深圳国际低碳城

2012 年 5 月，在比利时布鲁塞尔举行的中欧城镇化伙伴关系高层会议上，李克强副总理与欧盟委员会主席签署了中欧可持续城镇化合作协议，深圳市市长许勤提出与欧盟合作规划建设深圳国际低碳城，打造中欧可持续城镇化合作旗舰项目。

2012 年 8 月，深圳国际低碳城低碳生态建设小组办公室设立，与深圳建筑科学研究院股份有限公司共同启动了低碳城核心区项目，总投资约 103. 7 亿元，建设周期为 7 年。

综合服务中心是启动区中的核心建筑。综合服务中心用地面积约 12 万平方米，首期建筑规模约 2.2 万平方米，主体建筑分为展示馆、会议馆、交易馆以及配套服务中心，主要功能区包括低碳技术展示交易区、低碳国际会议区、低碳城展厅及能源资源信息监控中心、辅助配套功能用房，各项微市政、微能源、微交通示范区，生态栈道系统、生态园以及驳岸等。综合服务中心的整体设计旨在尊重自然本底，很好地契合了周边环境，具有“循环”“应变”的钢结构，具有建设周期短、造价低和可移动的优势。该项目自 2012 年 12 月正式进场施工，2013 年 5 月完成验收。自 2013 年 6 月开放以来，参观人数已达上万人，先后举办了各类国际、国内高水平的研讨会、颁奖典礼、学术论坛、晚会等活动。

综合服务中心根据内部功能的需要进行空间分割和布置，外立面的垂直绿化遮阳和采光也随着内部功能的变化而变化，以人的活动需要为优先考虑因素，设置多项人性化、功能可变的公共空间。同时，为配合室内空间功能，室外也预留出了大量的平台作为室内功能的延续。硬质铺地和草坪兼可满足不同的活动需求，场地设计与布置力求便于建筑内外各项功能的使用。

综合服务中心采用了适应当地和华南地区气候的十大技术系统共 97 项技术策略，以实现深圳国际低碳城核心启动区绿色建筑、清洁交通、污水循环、废物回收、能源低碳等目标。

技术系统分别从室外环境、绿色交通、结构形体、能源综合利用与维护、资源综合利用、设备、绿色建材、室内环境和低碳运维等十个方面着手，对整个综合服务中心及周边从设计到运营各阶段的绿色低碳都进行了统筹考虑，建筑性能超过国家绿色建筑三星级标准要求，能耗水平比传统会展中心减少 50%，实现年均减碳 1 000 吨以上的示范效果。

综合服务中心主体结构采用钢结构，比起传统建筑，能更好地满足建筑空间中大开间灵活分隔的使用要求，节能效果好，符合建筑工业化和可持续发展的要求，还能提高面积使用率，户内有效使用面积可提高约 6%。

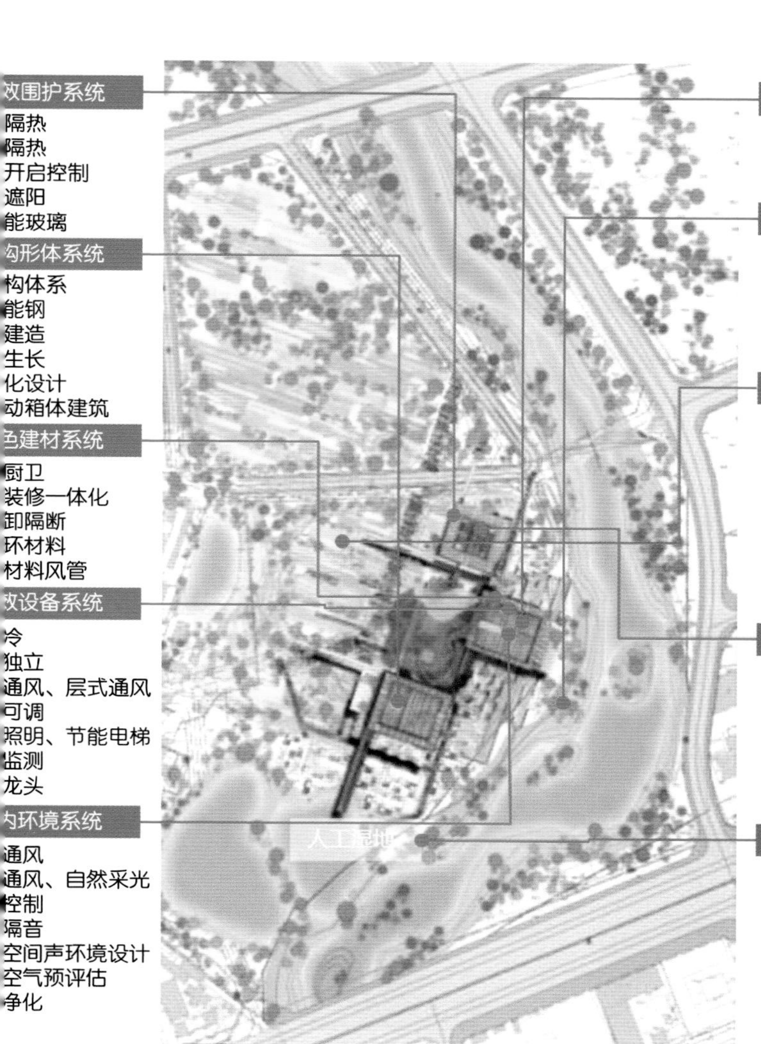

效围护系统
隔热
隔热
开启控制
遮阳
能玻璃
勾形体系统
构体系
能钢
建造
生长
化设计
动箱体建筑
色建材系统
厨卫
装修一体化
卸隔断
环材料
材料风管
效设备系统
冷
独立
通风、层式通风
可调
照明、节能电梯
监测
龙头
内环境系统
通风
通风、自然采光
控制
隔音
空间声环境设计
空气预评估
净化
人工湿地

能源综合利用
• 智能微网
• 光伏发电
• 分布式能源
绿色交通系统
• 充电设施
• 电瓶车辆
• 慢行道路
• 太阳能灯
• 公共自行车
室外环境系统
• 混合规划
• 生态农业
• 原生场地
• 透水地面
• 垂直绿化
• 本土植物
• 雾森系统
• 社区共享
低碳运维系统
• 楼宇自控
• 环境监测
• 智能导游
• 机器人厨房
• 餐厅垃圾处理
• 超材料门禁
资源综合利用
• 雨水收集
• 中水回用
• 雨水花园
• 人工湿地
• 浅草沟
• 雨水口除污

综合服务中心外部垂直绿化具有可自由组合和可移动的特性，立面设计充分考虑与建筑内部功能的有机结合，根据内部空间的遮阳和采光需求不同，布置出对应的外立面绿化形式。建筑外立面灵活多变，搭配上丰富的绿化植物种类，使得垂直绿化具有良好的景观效果。

利用立体绿化及建筑自遮阳还可降低建筑表面温度，降低建筑冷负荷，以体现生态化建筑表皮的节能效果。在遮阳降低负荷的同时，进一步利用植物的作用改善周围环境的微气候，提高综合服务中心的热舒适性。

下图为综合服务中心立体绿化实景图，所使用的垂直绿化技术为深圳建筑科学研究院专利技术，主要解决垂直绿化的种植形式和浇灌方式的问题。

下图为综合服务中心自然采光效果。

下图为废桩再利用，形成景观雕塑。

深圳国际低碳城项目所在地与我国众多工业化、城镇化进程中的地区存在很多共性，在经济发达城市的边缘地带，摒弃以消耗自然资源和牺牲自然环境换取经济高效发展的传统工业化模式，创造性地解决城镇化、工业化进程中的资源、环境、人口等问题，代表了中国大多数城市的特征，在国内具有很高的示范和推广价值。“坪地的建设是低碳城的典范，它就是要革新生产方式和生活方式，要通过技术创新实现经济、社会效益超越，真正实现产城合一。”